干细胞与细胞

神奇的生命科学

王佃亮　陈海佳 ——

编著

化学工业出版社

·北京·

U0237698

细胞，我们都不陌生。除了构成动植物机体外，细胞还有什么功能？可能很多人并不清楚。通过操作肉眼无法直接看见的细胞，可产生众多令人惊叹的生命奇迹。

从一片绿叶上取出一些细胞，在玻璃瓶里培养一段时间，就能再生整个植株；两种亲缘关系相差甚远的植物，可通过细胞融合产生像"土豆番茄"一样美好的"双层楼作物"，它的地上部分结番茄，地下部分长土豆。

动物细胞同样能带来惊喜。把鲤鱼细胞核移植到鲫鱼细胞中，可培育出一种鲤鲫杂交的新品种，具有两种鱼的优点；培养人类的胚胎干细胞，能制备可供器官移植用的肝、肾、心、肺；肿瘤细胞和淋巴细胞融合产生的杂交瘤细胞，可以分泌单克隆抗体，它和抗癌药物结合后制成的生物导弹，能准确地攻到癌细胞的"老巢"；克隆绵羊多莉，这头"没爹没娘"的小羊羔曾搅得整个世界躁动不安；克隆动物进入大批量工厂化生产阶段，克隆动物的肉你敢吃吗？国内免疫细胞治疗肿瘤已广泛应用，彻底攻克肿瘤还远吗？国外批准了多种干细胞新药上市，干细胞能使人更美、更健康、更长寿吗？

……

凡此种种，细胞和干细胞正改变着我们的生活。

图书在版编目（CIP）数据

细胞与干细胞：神奇的生命科学／王佃亮，陈海佳编著．—北京：化学工业出版社，2017.6（2024.7重印）
ISBN 978-7-122-29585-9

Ⅰ．①细… Ⅱ．①王…②陈… Ⅲ．①细胞-介绍②干细胞-介绍 Ⅳ．① Q2

中国版本图书馆 CIP 数据核字（2017）第 092769 号

责任编辑：刘亚军 张 赛 陈小滔 装帧设计：史利平
责任校对：吴 静

出版发行 化学工业出版社
　　　　　（北京市东城区青年湖南街13号　邮政编码100011）
印　　装：涿州市般润文化传播有限公司
880mm×1230mm　1/32　印张6¹/₂　字数163千字
2024年7月北京第1版第7次印刷

购书咨询：010-64518888
售后服务：010-64518899
网　　址：http://www.cip.com.cn
凡购买本书，如有缺损质量问题，本社销售中心负责调换。

定　　价：39.00元　　　　　　　　　　版权所有　违者必究

序

中国科学技术协会于2015年3 ～ 8月开展了第九次中国公民科学素质抽样调查。调查显示，2015年我国具备科学素质的公民比例为6.20%，尽管较2010年的3.27%有了很大提高，与西方主要发达国家差距也进一步缩小，但其表达出了国人的科学素质整体水平依然偏低。

由此可见，科学传播与科学普及是多么紧迫和必要。

与人类生存和自身发展息息相关的科学非生命科学莫属。当前，全球新一轮科技革命和产业变革正在兴起，生物化学、遗传学、细胞生物学、分子生物学都有着快速的发展，基因测序、细胞治疗、分子育种、蛋白质工程等生物技术不断取得重大突破，这些都为人类应对健康、粮食、能源等挑战提供了有力支撑，对经济社会发展和人们的生产生活产生深远影响。

这一切，离不开对生命现象的理解。1663年，胡克发现细胞；1839年，施旺提出细胞学说，指出细胞是生物体结构和功能的基本单位。随后，生物学研究向人们展开了一个丰富多彩的世界，进化论、遗传学、DNA双螺旋模型、基因工程、人类基因组计划……科学家逐步揭开了生命的神秘面纱，许多青少年对生命现象产生了浓厚兴趣，并由此开始了他们的科学探索之旅，见证了令人赞叹的生命奇迹。

对生命科学的学习，通常是从细胞开始。生物学教科书会从细胞形态讲起，一直讲到个体与群落、遗传与进化、环境与生态……无论是低等生物还是包括人类在内的高等生物，基本结构单位都是细胞，生命活动都源于细胞。所以，要了解生命，就要首先了解细胞，了解在细胞中发生的各种生命活动。王佃亮教授的《细胞与干细胞：神奇的生命科学》为我们描绘了细胞生命世界多姿多彩的景象。

王佃亮教授长期从事干细胞、组织工程与再生医学研究，迄今已出版学术专著八百多万字。在紧张的科研之余，他花费大量心血进行科普与科幻创作。《细胞与干细胞：神奇的生命科学》一书系统地介绍了细胞、干细胞知识，技术，理论，以及细胞、干细胞产品给我们生活带来的变化，讲解深入浅出，科学性强，有趣味性，图文并茂，信息量大，是一部难得的优秀科普书。

科学研究的终极使命是建构人类更加美好的未来，而对美好未来的向往，可以从优秀的科普读物开始。

张宏翔
中国生物工程学会科普工作委员会主任
2017年3月30日于北京

大约40亿年前，生命在地球这颗美丽的蓝色星球上诞生。直到今天，我们仍然不知道这些最初的生命究竟是什么，但利用已有的生物学知识推测，它们能够和外界环境进行物质和信息交流，粗略地复制自己。随着生物进化，自然界最终出现了细胞形态的生命。

目前，地球上发现的最古老的生物化石来自澳大利亚，叫叠层石。化石里的生物是蓝藻，距今大约35亿年。蓝藻不像动植物细胞，它没有典型的细胞核，跟细菌相似，又叫蓝细菌，是一种单细胞生物。

原始海洋里布满了这种单细胞的蓝藻。它们有球形的，有管状的，细胞结构复杂。像今天生活在地球上的绿色植物一样，蓝藻能够利用太阳光能，把二氧化碳和水合成自身需要的有机物，并释放出氧气。随着氧气出现，生物进化速度加快了。与此同时，为了更好地适应生存环境，若干单细胞藻类组合在一起，形成了一种多细胞的群体生物，就像今天的盘藻和团藻一样，介于单细胞生物和多细胞生物之间。随着生物继续进化，到了大约30亿年前，出现了多细胞植物，接着又诞生了多细胞动物。海洋生物开始登陆，陆地上的生物继续进化。在大约几百万年前，最初的人类终于诞生。

随着人类诞生，文明的曙光开始出现。不过，在人类诞生后相当漫长的时期里，生命的奥秘——细胞并没有被发现。这主要是因为绝大多数细胞实在是太小了，在0.03毫米以下，大大超过了人类肉眼能够直接观察的范围

（0.1毫米）。

第一位真正观察到活细胞的是荷兰科学家安东尼·列文虎克（Antony van Leeuwenhoek）。1677年，他用自制显微镜观察了池塘水中的原生动物、人和哺乳动物的精子，后来看到了鲑鱼血红细胞核。1683年，他又在牙垢中发现了细菌。

活细胞的发现促进了细胞生物学的发展。1938年，德国植物学家施莱登（Matthias Jakob Schleiden）发现所有植物体都是由细胞组成的。一年以后，德国动物学家西奥多·施旺（Theodor Schwann）发现动物体也是由细胞组成的。施莱登和施旺共同创立了细胞学说。细胞学说包括三个内容：第一，细胞是多细胞生物的最小结构单位，对单细胞生物来说，一个细胞就是一个生物个体；第二，多细胞生物的每一个细胞都执行特定的功能；第三，细胞只能由细胞分裂而来。这个学说明确了动物和植物之间的统一性，被誉为19世纪自然科学三大发现之一。

细胞学说创立后，许多科学家把注意力转移到细胞内含物上来，发现了细胞中的生活物质——原生质。利用固定染色技术发现了中心体、高尔基体、线粒体等细胞器，同时对于细胞分裂和染色体的研究取得了长足进展。

随后，人们开始利用细胞，改造细胞，生产有价值的工农业产品，创造动植物新品种，为人类生活和健康服务。

1907年，细胞培养技术建立，这为利用细胞奠定了基础。1958年，日本科学家冈田善雄发现紫外线灭活的仙台病毒可引起艾氏腹水瘤细胞彼此融合。到了1965年，哈里斯（Harris）诱导不同种的动物体细胞融合。出乎预料的是，杂种细胞居然能存活下来。这是一种新型工程细胞，却没有实际用途。1975年是细胞历史上值得纪念的日子。这一年，免疫学家柯乐（Kohler）和米尔斯坦（Milstein）用仙台病毒诱导绵羊红细胞免疫的小鼠脾细胞与小鼠骨髓瘤细胞融合，选择出一种能够分泌单克隆抗体的杂种细胞。今天，单克隆抗体在疾病诊断和肿瘤治疗中被广泛应用，有"生物导弹"的美誉。

通过植物细胞培养，生产出了大批名贵花卉，如君子兰、风信子、康乃馨等，还可以生产名贵中草药，如人参、当归、三七等。动物细胞大量培养也十分诱人，一是可以生产疫苗，二是可以生产治疗肿瘤、心血管疾病等的高价值蛋白药物。

动物克隆的研究则使细胞技术成为举世瞩目的高科技。1952年，美国科学家用一只蝌蚪的细胞创造了与原版完全一样的复制品。1996年，世界上第一只成年体细胞克隆羊"多莉"，在英国爱丁堡罗斯林研究所出世，首次证明，动物体细胞和植物细胞一样具有遗传全能性，打破了传统的科学概念，轰动了世界。1998年，美国夏威夷大学的科学家用成年鼠细胞克隆出50多只老鼠，从此开始克隆批量化。2008年，美国食品药品管理局宣布，批准克隆动物的奶制品和肉制品上市，并宣称这些有争议的食品可以像正常动物制品那样被安全食用。

近年来，细胞移植治疗受到广泛关注。1999年，干细胞研究被《科学》杂志推为21世纪最重要的十项科研领域之一，且排名第一，先于"人类基因组计划"。2000年，干细胞研究再度入选《科学》杂志评选的当年十大科技成就。2011年起，韩国、美国、加拿大等国相继批准了干细胞新药，使一些疑难杂症得到了有效治疗。2012年，中国进行干细胞治疗规范管理，同时免疫细胞治疗得到了空前发展。2013年，《科学》杂志将肿瘤免疫治疗列为年度十大科学突破的首位。2015年，中国取消第三类医疗审批，并发布干细胞制剂质量控制及临床前研究指导原则，大大促进了干细胞药物的研究和发展。

细胞是奇妙的。细胞科学改变了我们的生活，使我们生活变得更加美好。

编著者

2017年3月18日于北京

目录

后记

第一章

神奇迷人的细胞世界

1.___ 自然界里　简单生命

　　在丰富多彩的生命王国里，最简单的"公民"莫过于病毒、类病毒和朊病毒了，它们有的仅仅是一些生物大分子。然而，当它们寄生在活细胞内后，又能表现出生命活动，非常神奇。病毒、类病毒和朊病毒极其微小，想发现它们可不是件容易的事情。

　　19世纪末期，科研人员在研究烟草花叶病和牛口蹄疫时，发现它们的病原体能够畅通无阻地通过细菌所不能通过的瓷滤器。当时，他们把这类病原体称为滤过性病毒或病毒，以区别于其他许多疾病的病原体——细菌。

　　病毒的大小差别很大，一般在10～30纳米（一纳米等于百万分之一毫米）。形状也多种多样，有立方对称的，有螺旋对称的，也有复杂对称的。组成非常简单，许多病毒仅含有核酸和蛋白质两种成分，有的病毒（如流感病毒）从宿主细胞释放时也携带了宿主细胞膜的成分，因而含有少量的糖类、脂肪类物质。所有的病毒都只含有一种核酸，即DNA或RNA，根据所含核酸的类型不同，病毒可分为DNA病毒和RNA病毒两种。

　　病毒好像是一种无孔不入的"寄生虫"，不但能寄生在植物、动物和人类身上，就连肉眼看不见的细菌也不肯放过。根据寄生对象不同，病毒又可分为动物病毒、植物病毒和细菌病毒。其中，细菌病毒又叫噬菌体。几种病毒形态见图。

　　病毒专门寄生在其他生物体内，在生活过程中需要不断利用宿主物质复制自己，这当然会对寄生的生物造成很大破坏。最常见的，病毒能够导致各种传染病，有的甚至是令人不寒而栗的烈性传染病，如：人禽流感、埃博拉出血热、艾滋病、甲型肝炎、流行性乙型脑炎、天花、麻疹和脊髓灰质炎

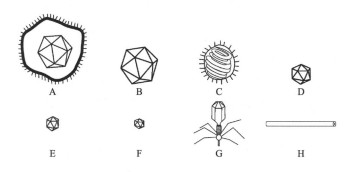

几种病毒形态

A—疱疹病毒；B—大蚊病毒；C—流行性感冒病毒；D—腺病毒；
E—多瘤病毒；F—脊髓灰质炎病毒；G—T-偶数噬菌体；H—烟草花叶病毒

等。许多病毒也能使人类致癌，如腺病毒、乙肝病毒都能使人类患上癌症。实际上，在目前发现的300多种病毒中，大部分都对宿主有害。

但病毒对人类也不是一点用途都没有。随着科技发展，各种病毒正被用来为人类造福。首先，一些病毒经过特殊处理后，可以制成减毒活疫苗（如麻疹减毒活疫苗、腮腺炎减毒活疫苗、狂犬病减毒活疫苗等），用来预防各种烈性传染病。其次，许多昆虫病毒专门寄生在某些农业害虫体内，并能在害虫中传播，而对其他植物、动物和人类没有毒性。如果把这些昆虫病毒工业化生产后制成生物农药（杀虫剂），喷洒在森林或田间，可以起到保护环境和消灭害虫的效果，是剧毒的化学农药无法比拟的。目前，这一高新技术在中国已经起步。

病毒的结构固然简单，但类病毒更加简单。它只是一条核糖核酸（RNA）分子，比已知的病毒小80倍。这种核糖核酸分子的分子量为75000～85000道尔顿。和病毒一样，类病毒也不能独立生活，必须寄生在活细胞内。寄生的结果往往导致植物患病，如马铃薯纺锤状块茎病就是类病毒寄生的结果。

跟类病毒不一样，朊病毒仅含有蛋白质。1982年，美国病毒学家普鲁斯纳（Prusiner）在羊瘙痒病中最先发现了朊病毒。这种蛋白质具有感染力，是羊瘙痒病的致病因子。

羊瘙痒病是一种引起中枢神经系统退化性紊乱的疾病。动物患病后会焦躁不安，浑身长满了疥癣，毛成片脱落，皮肤受到损害。大约半年后，动物明显衰弱，运动失去平衡，后期出现四肢麻木，最终病羊在痛苦中死去。

一开始，不少科学家不相信朊病毒中没有核酸。因为按照传统生物学规律，只有具有核酸才能进行自我复制。随着对朊病毒的深入研究，发现这种神秘的病原体确实只含有蛋白质，而且这种蛋白质能够自我复制。普鲁斯纳因发现和研究朊病毒荣获了诺贝尔奖。

到此，朊病毒的故事仍没有结束。1985年4月，英国出现了一种奇怪的疯牛病（牛脑海绵状病），此后10多年，这种病迅速蔓延，波及很多国家。受感染的牛经过一定潜伏期后发病，并最终痛苦地死亡。解剖病牛尸体后发现，牛脑内神经细胞大量丧失，出现淀粉样病变，脑子里真正成了"一团糨糊"。大量病牛不得不被无情地屠杀，即使这样，疫情也难以控制。好端端的牛是怎样患上疯牛病的呢？最新的科学研究发现，导致疯牛病流行的元凶正是朊病毒。

据科学家介绍，与朊病毒化学组成完全一样的蛋白质成分在正常脑组织里也有，只是构型不同。至于朊病毒是怎样自我复制的，以及正常的蛋白质如何转变成朊病毒，这是耐人寻味的，也是科学家们正在深入研究的问题。

其实，对于病毒、类病毒和朊病毒是否是生命，科学界迄今仍存在争议，但它们的发现缩短了生命和非生命的距离，同时强化了对细胞生命的理解。

2.___ 细胞世界　多姿多彩

我们居住的地球是地地道道的生命乐园，在这里生存着10多万种微生物、30多万种植物和100多万种动物。在种类如此繁多的生物中，最简单的、能够独立生活的生物可能要数支原体了。支原体是在无细胞培养基中发现的，当时被称为类胸膜肺炎微生物。后来又从土壤、污水以及许多动物和人体中发现了几十种这样的微生物。

从外表看来，支原体很像汤圆，薄薄的"皮儿"里裹着"馅儿"。不同的支原体，大小差别很大，通常在0.1～0.25微米（一微米为千分之一毫米），最小的体积只有一般细菌大小的千分之一，它可以像病毒那样通过滤器，又可以像细菌那样在人工培养基里生长，因而是一种介于病毒和细菌之间的过渡生物。支原体的"皮儿"和一般细胞膜相似，是双层的，成分是磷脂和蛋白质。"馅儿"里含有支原体进行生命活动的物质，如储藏和传递生命信息的DNA、RNA以及参与新陈代谢的各种酶。

与病毒的寄生生活方式不同，支原体能够从人工培养基中吸取营养物质，过着完全自由的生活，但它仍是许多疾病的病原体，比如有的支原体能够引起猪的关节炎，还有的支原体能引起人的肺炎。

与支原体相比，细菌要复杂得多。细菌有球形的、杆状的、螺旋形的，大小一般在1微米以下。在结构上，细菌比支原体更为完整，由外到内分为细胞壁、细胞膜、细胞质和拟核。所谓拟核，就是说还不是真正的细胞核，只是一团遗传物质弥散在细胞质中，因而细菌又叫原核细胞。

细菌的繁殖方式比较简单。就绝大多数细菌而言，繁殖前首先进行遗传物质的复制，然后从中间一分为二。也有少数细菌利用孢子繁殖或出芽繁殖。细菌的繁殖效率很高，就广泛存在于水域中以及动物和人类肠道里的大肠杆菌而言，大约每20分钟繁殖一代，致使细菌在地球上几乎无处不在。

细菌还有一个"绝活儿"。当生存环境变得恶劣时，它会变成芽孢，芽孢可以抵抗不良环境；而当条件适宜时，芽孢就会像种子一样萌发，长出新的细菌。某些细菌浑身长满了纤毛，还有的有一根长长的、像鞭子的鞭毛，这些可不仅仅是装饰，它们是细菌的运动器官。对于致病菌而言，细菌表面的纤毛还有利于附着在动植物细胞上。许多种类的细菌以在人类看来丝毫没有营养的硫黄、铁矿为食物，真是不可思议。

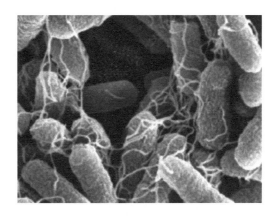

大肠杆菌

（引自：Blount ZD.The unexhausted potential of *E. coli*. eLife, 2015, 4: e05826）

在日常生活中，一想到细菌，人们总是和感染、发烧、发炎、化脓甚至破伤风、淋病、梅毒等可怕的疾病联系在一起，其实并不是所有的细菌都对人类有害。就寄生在人和动物肠道内的大肠杆菌而言，它可以帮助消化并产生有益的维生素。在现代生物工程中，大肠杆菌常被用来转入药物基因，制成工程菌来生产药物，如白细胞介素、干扰素、促红细胞生成素等。另外一些细菌则被用来冶金和清除海上石油污染等。

有一些单细胞的藻类，如蓝藻，看起来应该属于植物。因为它们像绿色植物一样，具有叶绿体，能够进行光合作用，把二氧化碳和水合成自身需要的养料，然后释放出氧气。仔细研究却发现，这些藻类没有绿色植物那样的细胞核，实际上和细菌是近亲，它们也属于原核生物。

与原核生物不同，真核生物的细胞具有真正的细胞核，里面的遗传物质由核膜包裹着，核膜上有许多孔洞，通过孔洞，细胞核里的物质可以和外面细胞质里的物质进行交流。

具有细胞核的、最简单的生物是单细胞生物，分单细胞动物和单细胞植物。单细胞植物，如绿藻，像普通绿色植物一样能够进行光合作用，过着自食其力的生活。单细胞动物又叫原生动物，比较常见的如变形虫、草履虫、眼虫等。其中，变形虫生活在池塘、稻田或水沟内，身体小，无色透明。最大的变形虫直径可达0.2 ~ 0.4毫米，肉眼刚好能看见。但要想观察，还得借助于显微镜。变形虫的身体表面只有一层很薄的膜，膜内是比较透明而均匀的细胞质，又叫原生质。变形虫的细胞质可以流动，细胞膜随之也会不断改变形状，这可能是这种动物被叫做变形虫的原因。

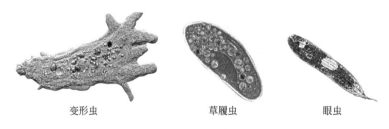

变形虫　　　　　　草履虫　　　　　　眼虫

不同种类的单细胞生物

当变形虫进行变形运动时，细胞表面会伸出一些长短不一的手指状突起，整个身体也沿着突起伸出的方向移动，所以这种手指状突起被称为伪足。除了运动外，伪足的另一功能是捕食。它可以伸向食物，将食物包围裹入体内,形成食物泡,然后把食物消化掉。变形虫没有雌雄之分,它的繁殖是靠把身体一分为二,这一点倒是跟细菌有些相似。

由此可见,变形虫虽是一个单细胞,却具备了能够独立生活的一切动物所具有的生命特征,如对刺激的反应、运动、捕食、生长、繁殖,所以它是一类低等动物。

单细胞生物只有一个细胞,盘藻有4个细胞,实球藻有16个细胞……越是高等的生物,其细胞数目越多,有人估计,新生儿有2万亿个细胞。

高等生物是多细胞的有机体,在长期进化过程中,不同的细胞在功能上出现了分工,形态也更加多样化。动物的精细胞像蝌蚪,有着一条长长的尾巴,这便于精细胞在生殖道内游动和进入卵细胞使之受精。红血细胞为圆盘状,这大大增加了表面积,有利于二氧化碳和氧气的交换。神经细胞具有长长的细胞突,有的甚至长达1米多,这也是与它传递神经冲动的功能相适应的。高等植物细胞的形状也因功能不同而有很大差别。植物基部起支持和输导作用的细胞通常呈条形,而在叶表皮的保卫细胞呈半月形,两个细胞围成一个气孔,以利于呼吸和蒸腾。不同细胞的大小和形态见图。

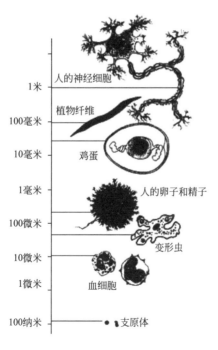

1米
100毫米
10毫米
1毫米
100微米
10微米
1微米
100纳米

人的神经细胞
植物纤维
鸡蛋
人的卵子和精子
变形虫
血细胞
支原体

细胞的大小

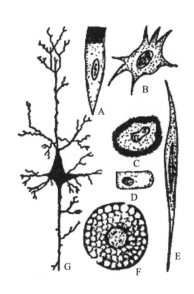

细胞的形态

A、C、D—上皮细胞；B—结缔组织细胞；E—肌肉细胞；F—卵细胞；G—神经细胞

总的来说，细胞微小而近似球形，这样才能保证有一个相对大的表面积，从而有利于新陈代谢和抵抗恶劣环境条件。不过也有例外，鸟类的卵就是一个细胞，它们却特别大。鸵鸟的卵直径可达7~8厘米，是世界上最大的细胞，这是为什么呢？原来鸟卵中有大量卵黄，卵黄是胚胎发育的主要营养物质，只有鸟卵足够大，才能为胚胎发育存储足够的营养。

3. ___ 细胞壁　保护外衣

细胞可分为原核细胞和真核细胞。植物细胞和动物细胞都是真核细胞，其主要区别是植物细胞有细胞壁。

植物细胞的最外面是一层厚厚的硬壁，称为细胞壁。它是植物细胞区别于动物细胞的重要特征之一。这层细胞壁是怎样形成的呢？对于植物细胞有什么特殊意义呢？

研究发现，植物的细胞壁由细胞分泌产生，可分为三层：新生的，质薄，称为初生壁；以后，形成有条纹的厚壁，称为次生壁；在两细胞之间的称为中层，使细胞壁粘合，并减低细胞间的压力。细胞壁的主要成分是纤维素，还有半纤维素、果胶质和木质素等。

木质素仅存在于成熟的细胞壁中，它使细胞壁坚硬，保护细胞不易受到外界损伤。细胞活着时，细胞壁能因其他物质的浸透和积累而改变性质，如稻、麦的细胞壁内含硅酸盐，能抗倒伏。因此，细胞壁可以维持细胞的形状，对细胞起保护作用。

一些微生物也有细胞壁，比如真菌、酵母菌、细菌。细菌的细胞壁不含纤维素。根据对一种紫色染料的染色反应，细菌可分为革兰阳性菌和革兰阴性菌两种，前者如葡萄球菌、淋球菌，后者如大肠杆菌、伤寒杆菌。革兰阳性菌能够被这种染料染色，而阴性菌不被染色或染色轻微。这是由于细胞壁结构不同造成的。

革兰阳性菌的细胞壁结构较厚，有15 ~ 50层肽聚糖组成，还有蛋白质、多糖等成分。革兰阴性菌的细胞壁结构比较复杂，分为内、外两层：内层是肽聚糖层，较薄，通过脂蛋白和外层相连；外层称外膜，基本上是一层磷脂和蛋白膜，外膜中含有脂多糖和脂蛋白，这些成分与细菌的毒素活动有关，也是细菌侵入人体后引起发烧的原因。

青霉素是我们熟悉的抗菌素，它的作用原理是通过阻止细菌细胞壁中肽聚体的合成来达到消灭细菌的目的，因而对细胞壁中含有大量肽聚糖的革兰阳性菌杀伤效果较好，而对革兰阴性菌比较差。

有的细菌在细胞壁外还有一层纤维状物质，称为荚膜。荚膜是细菌分泌到细胞壁外的物质，由多糖和蛋白质组成，含有中性糖和磷酸。荚膜对细菌生存不是严格必需的，但可以保护细菌抵抗不良环境，使毒性大大增强。

真菌、酵母菌细胞壁的主要成分是几丁质，又叫甲壳素、壳多糖，是一种多糖类物质。

动物细胞虽没有细胞壁，但有的细胞表面有葡萄糖、半乳糖、阿拉伯糖等分子形成的树枝状糖链。这些糖链就像天线一样，在细胞和细胞的识别与通信中起着重要作用。此外，人类的ABO血型也与红细胞膜上的糖链有关。

4. ___ 细胞膜　交流通道

所有生物的细胞都包裹着一种膜，这种膜就是细胞膜，它使细胞与周围环境分隔开。细胞膜的基本成分是蛋白质、脂类和糖类。在细胞膜中，脂类分子呈双层排列。蛋白质或贯穿于或镶嵌在脂类双分子层中，也有的蛋白质附着于脂类双分子层表面。至于糖类，有的是与蛋白质结合，有的是与脂类结合。

在电子显微镜下观察，细胞膜为两暗夹一明的三层结构，具有这种结构的膜也称为单位膜。内外较暗的两层是蛋白质，中间较明的一层是脂类。

细胞膜具有重要功能，它控制着细胞与外界环境的物质交流。在细胞膜中，脂类分子疏水的一端朝向里面，而亲水的一端朝向外面，这样双层脂类分子通过疏水作用力牢牢结合在一起。一些小分子物质和脂溶性物质，如甘油、水、氧气、氮气、苯、脲等，可以通过细胞膜从高浓度一边向低浓度一边扩散。但一些亲水性物质，如葡萄糖、氨基酸、核苷酸以及所有离子，就不能自由通过脂类双分子层。不过，细胞膜上有专门起运输作用的蛋白质，当这类物质与运输蛋白结合后，运输蛋白构象发生变化，从而把这类物质运到另一侧。细胞膜上还有一种叫钠钾ATP酶的蛋白质，当受到刺激后构象就发生变化，会像抽水机一样把Na^+运出膜外，而把K^+运进膜内，使细胞膜保持一定电位差。这种电位差是细胞运输某些物质和神经传导所必需的。

一些较大的物质可以通过吞噬作用或外排作用进出细胞膜。细胞内吞较大的固体颗粒物质（如细菌等）的过程，称为吞噬作用；当吞噬的物质为溶液状或极小颗粒状时，称为胞饮作用。吞噬现象在单细胞动物中普遍存在，不过在多细胞动物中也有，如人体血液中的白细胞和巨噬细胞都具有很强的吞噬能力，可以吞噬侵入体内的细菌。当人体受到创伤后，白细胞和巨噬细胞会聚积在伤口周围，开始吞噬细菌。当这些细胞吞食了大量细菌后，便会"撑"死，于是伤口出现化脓现象。"脓"其实就是死亡的白细胞。当然，细胞也可以把体内不需要的物质排出体外，这就是外排作用。

细胞膜除了进行物质运输外，另一个重要功能是传递信息。细胞膜上有一种被称为"受体"的蛋白质，当它和外界环境中的配体像螺栓和螺母一样结合后，便会激活细胞膜上特定的酶，把信号传递到细胞内。近年来的研究表明，在细胞膜信号传递中，如果某些环节出现故障，细胞就可能导致癌变。

5.＿＿细胞质里　生命器官

与细菌相比，动、植物细胞的结构更加复杂，一个突出特征就是细胞质里进化出了一些"小器官"。这些浸在细胞质里的"小器官"称为细胞器。它们是一些由膜围成的形态实体，就像人的心脏、肝脏、肾脏一样执行着特定的生命功能。

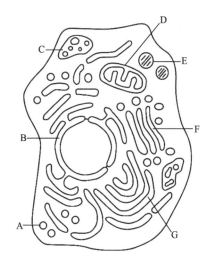

动物细胞里的细胞器

A—囊泡；B—细胞核；C—溶酶体；D—线粒体；
E—过氧化物酶体；F—高尔基体；G—内质网

线粒体是真核细胞中广泛存在又非常重要的细胞器之一。它最早是由瑞士解剖学家及生理学家Albert von Kollicker于1857年在昆虫横纹肌细胞中发现的。一些科学家在其他细胞中也发现了同样的结构，从而证实了Kollicker的发现。1888年，Kollicker分离出了这种细胞器。1897年，德国科学家Benda把这种细胞器取名为线粒体。顾名思义，线粒体外观呈线状或粒状。

在电子显微镜下，一个典型的线粒体很像一根香肠。它包括外膜、内膜、内外膜之间的外室和内膜包裹的内室。外膜对各种物质的通透性都很高，有人认为外膜上有小孔。内膜对物质的通透性很低，只能让一些不带电荷的小分子通过，如水和丙酮酸。内膜向内折叠形成皱折或小管，称为嵴。嵴的存在，极大地扩大了内膜的表面积，提高了代谢效率。嵴上有许多有柄的小颗粒，称为ATP（腺苷三磷酸）酶复合体，它是线粒体合成ATP的场所。ATP为一种不稳定的高能化合物，水解时释放出较多的能量，是生物体最直接的能量来源。内膜包裹的内室里是液态的基质，基质里有核糖体、DNA、RNA和酶。核糖体可以合成各种蛋白质；DNA、RNA都是核酸，可以携带各种遗传信息；酶可以催化生物体内每时每刻都在发生的种类繁多的生物化学反应，而这些生物化学反应就是新陈代谢，包括物质代谢和能量代谢。新陈代谢是生命最基本的特征，没有新陈代谢就不会有生命，所以酶作为生物催化剂是非常重要的。

线粒体参与细胞内物质的氧化和呼吸作用。细胞里糖、蛋白质和脂肪分解后的产物都要在线粒体基质里彻底氧化，然后经过线粒体内膜上的呼吸链，把释放出来的能量储存在ATP中。细胞内物质运输、肌肉收缩和神经传导等消耗的能量大部分就是靠线粒体中合成的ATP提供的。由于这个缘故，线粒体被誉为细胞的动力工厂。

有趣的是，线粒体无论在大小、形状，还是分裂方式方面都与细菌类似，于是有人认为它是由寄生在细胞内的细菌进化来的。在受精过程中，卵子接受的只是精子的细胞核，这样在受精卵中，细胞质完全来自母方，因而线粒体是母系遗传。这在法医学上被用来进行亲子鉴定。

叶绿体是植物特有的细胞器，是植物进行光合作用的场所。在绿色植物的叶片中含有数量不等的叶绿体。就高等植物而言，叶绿体的形状似凸透镜，最外面是两层光滑的单位膜，在内外膜之间有空隙，内膜里充满液态的基质。基质里有许多圆盘状的类囊体，它们叠在一起，很像一摞摞的硬币，这种成摞的类囊体构成了基粒。构成基粒的类囊体叫基粒类囊体。横穿于叶绿体基质中，并贯穿两个或两个以上基粒的大的类囊体称为基质类囊体。类囊体中含有DNA、核糖体以及多种酶。

叶绿体的主要功能是进行光合作用，也就是利用太阳能，把二氧化碳和水合成碳水化合物，并释放山氧气。光合作用分光反应和暗反应两个阶段进行。光反应是叶绿素等色素分子吸收、传递光能，将光能转化为化学能，形成ATP和还原型辅酶Ⅱ的过程，在这个过程中，水分子被分解，同时释放出氧气。暗反应是利用光反应形成的中间产物，制造葡萄糖等营养物质的过程。光合作用的结果，是将光能转化为化学能，并将其储存在碳水化合物中。

溶酶体是1955年发现的，它是细胞的"消化器官"。溶酶体内含有50多种水解酶，包括脂肪酶、蛋白质水解酶、核酸酶等。这些酶都是酸性水解酶，工作的最适pH是5.0。溶酶体有初级溶酶体和次级溶酶体两种。初级溶酶体是细胞内刚刚形成的溶酶体，是一种泡状结构，里面的酶处于潜伏状态。次级溶酶体是初级溶酶体和消化物结合后形成的一个消化泡。

溶酶体在细胞内具有重要功能：第一，可以消化吞噬进入细胞内的大分子营养物质以及细菌、病毒，消化后的营养物被细胞利用，剩下的残渣被排出细胞外，起到营养和防御作用；第二，当一些细胞器衰老后，可以被溶酶体包围和清除，有利于这些细胞器的更新，当动物饥饿时，溶酶体可以包围和消化自身一些物质作营养，以更新必需成分，避免动物死亡；第三，在动物生长发育过程中，清除多余器官，如在蝌蚪晚期发育过程中，尾部细胞里的溶酶体会自行破裂，释放出的水解酶把尾部细胞溶解掉，从而使尾巴消失。

虽然溶酶体中酶的种类很多，但每个溶酶体所含的酶的种类是有限的。一旦初级溶酶体的膜破裂，释放出的水解酶便会发挥强大的消化作用，能把整个细胞消化掉，甚至波及周围组织。

溶酶体存在于动物细胞、植物细胞和原生动物细胞中。但植物细胞中没有单独存在的溶酶体，只有一些含有不同物质的小体。这些小体因所含的物质不同而有不同的名称，如圆球体、糊粉粒和蛋白质体等。这些小体中含有酸性水解酶，比如圆球体中含有脂肪酶、酸性磷酸酶等多种水解酶。此外，植物细胞的液泡中也含有酸性水解酶。在细菌细胞中没有单独的溶酶体，但细菌的细胞壁和细胞膜之间有空隙，空隙里含有水解酶，起着类似溶酶体的作用。

当然，动、植物细胞里还有其他一些重要细胞器，如内质网、高尔基体、中心体、过氧化物酶体等。其中，内质网是细胞质中由膜围成的管状或扁平囊状的细胞器，它有粗面型内质网和光滑型内质网两种，功能涉及蛋白质和脂肪合成、物质运输、解毒等。高尔基体是由扁囊、分枝小管和圆泡围成的一种细胞器，它与蛋白质加工、溶酶体中水解酶的形成以及植物中细胞壁的形成有关。

1953年，英国的E.Robinson和R.Brown用电子显微镜观察植物细胞时，发现了一种颗粒物质。1955年，Palade在动物细胞中也观察到了类似的颗粒。1958年，Roberts把这种颗粒命名为核糖核蛋白体，简称为核糖体。它是细胞中普遍存在的颗粒。真核细胞的核糖体要比原核细胞的核糖体大一号，不过其线粒体和叶绿体中的核糖体和原核细胞中的一样大。

核糖体由两个很像土豆的大小亚基组成。近乎球形的大亚基表面有个凹坑；小亚基细长，有一圈沟槽。

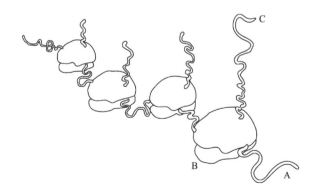

核糖体

A—信使RNA；B—核糖体；C—蛋白质

核糖体是细胞内合成蛋白质的机器。众所周知，蛋白质是细胞内生命活动的执行者，如催化新陈代谢的各种酶（现在发现自然界中有少量酶是核糖核酸）、调节生理功能的各种激素、在血液中运输氧气和二氧化碳的血红蛋白都是蛋白质。可以说，没有蛋白质就不会有生命。

核糖体存在于细胞质中，有的附着在核膜或粗面型内质网上，有的游离存在。当细胞需要合成特定的蛋白质时，首先会从储藏着特定生命信息的DNA上转录出一条信使RNA，然后信使RNA与核糖体结合，接着进行蛋白质合成。在蛋白质合成旺盛的细胞里，会看到一条信使RNA上同时有多个核糖体在工作。这样，可以在短时间内合成大量蛋白质，供给生命活动需要。

6.___细胞核　神经中枢

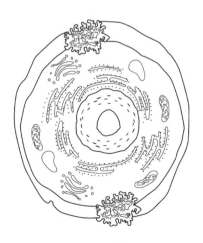

细胞核（细胞中央部分）

　　动、植物细胞区别于细菌细胞的另一主要特征是细胞核。它是细胞内储存遗传信息的重要细胞器，尽管动植物细胞的线粒体、叶绿体以及细菌细胞的质粒（细菌细胞内的环状遗传物质）内也含有极少量的遗传信息。

　　早在17世纪，荷兰眼镜商人列文虎克（Antony van Leeuwenhoek）就用自制的显微镜发现了细胞核。到了1831年，苏格兰植物学家R.Brown第一次使用了"细胞核"一词，并认为一切细胞均有细胞核。现代生物学研究表明，除了细菌、放线菌和蓝藻外，其他各类活细胞在其生活的某一阶段或整个生活周期中都有细胞核。

　　通常来说，真核细胞失去细胞核后很快就会死亡，只有少数细胞在无细胞核的情况下可以继续生存，如哺乳动物的成熟红细胞，在失去细胞核后，仍可存活120多天；植物韧皮部的营养运输细胞在无核状态下可执行功能多年。但一般情况下，细胞是不能没有细胞核而生活的。

　　细胞核一般位于细胞的中央，由双层核膜组成。核膜上有一些孔洞，通过这些孔洞，细胞核和细胞质可以进行物质交流。

　　细胞核里主要的物质是染色体，由DNA、蛋白质和少量RNA组成。DNA双螺旋在染色体里呈高度压缩状态（压缩比例 ≤ 10000）。细胞结构以及控制细胞生长、发育、生理活动、繁殖的主要信息储存在DNA里，所以细胞核是整个细胞的"最高司令部"。

第二章

前景广阔的细胞培养

1.___ 组织培养　微繁育苗

从萋萋小草到参天大树，从瓜果蔬菜到各种庄稼，通常是由单个受精卵细胞（即种子）发育来的。那么，能不能从植物身体上取出一个普通细胞，让它发育成一棵完整的植物呢？在一个世纪前，这还是一个美丽的幻想，但现在通过植物组织培养就能做到。

什么是植物组织培养呢？简单地说，就是在严格无菌的情况下，通过控制营养、光线、温度、湿度等环境条件，培养植物的组织器官或进一步发育成完整植株的过程。

植物组织培养的历史可以追溯到1902年，当时德国著名的植物学家G.Haberlandt预言，植物细胞具有全能性。所谓"全能性"，就是指植物体上的每一个细胞都具有多种潜在能力，可以完成从细胞增殖、分化到发育成完整植株的全过程，而在植物身上，这些细胞的才能被埋没，只能默默地承担某一项具体工作，比如构成茎组织、根组织、叶片组织。由于技术上的限制，G. Haberlandt培养的细胞没有分裂。

1904年，Hanning在培养基上成功培育出了能够正常发育的萝卜和辣根菜的胚，而胚是种子的关键成分。汉尼恩成为植物组织培养技术的鼻祖。到了20世纪30年代以后，植物组织培养技术取得了长足进展。中国植物生理学创始人李继侗、罗宗洛、罗士伟在实验中相继发现，银杏胚乳和幼嫩桑叶的提取液能分别促进分离出来的银杏胚和玉米根生长，从而认为维生素和一些有机物是植物组织培养中不可缺少的成分。

1934年，美国人White以番茄植株的根为材料，成功建立了第一个可以无限生长的植物组织。1956年，Miller发现，激动素能够强有力地诱导培养的愈伤组织分化出幼芽。这是植物组织培养中一项重要进展。两年后，Steward等用胡萝卜细胞成功培养出了完整植株，证实了植物细胞的全能性，并开拓了一个新的技术领域。此后，植物组织培养技术在世界范围内迅速传播。迄今已有近千种植物能够借助这种手段进行快速繁殖。

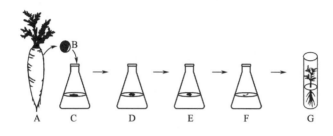

胡萝卜通过外植体培养再生植株的过程

A—胡萝卜；B—胡萝卜横切面；C—胡萝卜细胞培养；D—细胞脱分化形成愈伤组织；E—愈伤组织细胞分裂分化形成胚状体；F—胚；G—植物幼体

植物组织培养是怎样进行的呢？以下分几个步骤进行简要叙述。

第一，选择合适的外植体。什么是外植体呢？在植物组织培养中，为了达到快速繁殖的目的，往往选用植物的器官或组织切块作为培养对象，比如一小块芽、茎、叶，这就是外植体。选择一个好的外植体是培养成功的开端。当外植体是年老的组织或器官时，它发育成整个植株的能力会减弱，因而外植体要注意选择那些幼嫩的组织或器官，这样容易产生大量愈伤组织。何谓愈伤组织？它本来是指植物受伤后在伤口周围新长出的组织。在植物组织培养中，是指培养材料长出的可以"传宗接代"的细胞团，由愈伤组织可以再生出完整的植株。选择外植体时一定要注意外观健康，也不宜太小，应在2万个细胞以上（也就是5～10毫克），这样容易成活。

第二，对外植体进行消毒。外植体往往带有细菌和其他微生物。如果不消毒，在培养过程中，细菌会大量繁殖。由于细菌的繁殖速度比细胞快得多，它们会耗尽培养基里的营养，使培养物中全是细菌，外植体因得不到营养而生长缓慢或死去。致病菌还会以细胞为营养进行繁殖，直接导致外植体腐烂。因此，对外植体进行消毒是不可或缺的。

第三，配制培养基。在自然状态下，植物在土壤里生长。组织培养是在室内进行的，人工培养基代替了天然土壤，而且培养基比土壤的营养全面。用于植物组织培养的培养基的种类尽管多种多样，但它们通常包括三大类成分：①含量丰富的基本成分，如氮、磷、钾、蔗糖或葡萄糖（一般高达每升30克）；②微量无机物，如铁、锰、硼等；③微量有机物，如激动素、吲哚乙酸、肌醇。由于培养目的的不同，各类培养基中的激动素和吲哚乙酸变动幅度很大。吲哚乙酸的功能是促进细胞生长，激动素的功能是促进细胞分裂，当吲哚乙酸相对于激动素含量高时，有利于诱导外植体长出愈伤组织。

第四，诱导外植体长出愈伤组织。外植体是趋于成熟和定型的组织或器官切块，要想从它培育出整个植株，必须让它"返老还童"。在培养基中添加较高浓度的生长素，可以使外植体中的细胞解除懒惰状态，重新开始旺盛生长，以便发育出愈伤组织。外植体可以采用固体培养基培养。消毒后的外植体可以插入或贴放在固体培养基中。固体培养的优点是简单，可多层培养，且占地面积小。但有不利的一面，就是外植体在固体培养基中营养吸收不均，细胞生长过程中产生的有害物质也不容易扩散出去。如果把外植体置于液体培养基中，这些缺陷就可以避免，但需要使用振荡器。通过培养，外植体长出愈伤组织。

第五，改善愈伤组织营养。经过4～6周的生长，培养基中终于长出了愈伤组织。这时，培养基中的水分和营养成分已消耗殆尽，有毒物质大量积累，因而需要及时移植，以改善营养环境。移植后，愈伤组织里的细胞又开始猛烈扩增，有利于生根发芽。

第六，愈伤组织长出根和芽。把愈伤组织移植到含适量细胞分裂素和生长素的新鲜培养基中,以诱导胚状体形成。所谓胚状体,是指在组织培养中形成的具有芽端和根端、类似种子中胚的构造。由胚状体进一步发育成植株,这时需要光照。

第七,小植株移栽。在玻璃瓶里培育出来的小植株,要及时移栽到室外,以利于生长。

植物组织培养是一项十分实用的技术。据计算,一间20平方米的温室内可以容纳几十万株试管苗。采用试管繁殖,没有季节限制,一年四季都可进行,因而该技术应用广泛。

植物组织培养技术主要应用之一是工厂化快速育苗,以大量繁殖那些常规方法难以繁殖的名贵花卉、优良作物品种,特别是优良变异植物的扩大培养。

在国外,依靠这项技术已经形成了许多有特色的花卉工业,创造了巨大的经济效益。自20世纪60年代发展起来的建立在组织培养快速繁殖基础上的兰花工业,迄今已使一些欧美和亚洲的国家受益。新加坡和泰国,仅仅依靠出口兰花一项,每年就可以获利几千万美元。除兰花外,百合、菊花、花烛、波士顿蕨等花卉也都达到了年产100万株以上的水平。其他很有希望的快速繁殖对象有香石竹、水仙、唐菖蒲、郁金香、君子兰、中华猕猴桃、无籽西瓜、山楂等。

中国从20世纪70年代初开始组织培养技术的研究应用,目前处于国际领先水平。进入21世纪的10多年来,原本属于高科技的组织培养技术,已经变成了一项普通实用技术,被广泛应用。在一些农业、林业类高校以及大型生物技术公司都设有组织培养室,部分地区在花卉组织培养苗产业化方面已形成规模。广州花卉研究中心工厂化生产观叶植物组织培养苗年产量在1000万株以上;云南省农业科学院园艺研究所花卉研究中心建设有年生产能力5000万株的组织培养室;云南玉溪高新技术开发区实现了热带兰花组织培养苗规模化生产；湖南省森林植物园生物技术中心已实现专业化、规模化、商品化生产桉树试管苗，年生产能力达数百万株，在国内率先探索出桉树试管苗产业化开发之路。据初步统计，现在已有100多科1000种以上植物能借助组织培养技术进行快速繁殖，但真正应用于大规模产业化组织培养生产的主要是具有重要经济价值的农作物、花卉、果树、蔬菜、中药材等。全国已建成葡萄、苹果、香蕉、马铃薯、甘蔗、兰花、桉树等快繁生产线10余条，年供应试管苗上亿株，其中生产的香蕉试管苗已进入国际市场。

　　植物组织培养技术的另一主要应用是脱病毒。目前植物病毒病的种类已超过500多种，其中受害最严重的是粮食作物（水稻、马铃薯、甘薯等）、经济作物（油菜、百合、大蒜等）、花卉（石竹、兰花、鸢尾等）。这些病毒使植物严重减产、品种变劣。对于病毒，世界各国迄今还没有有效的医治办法。利用植物组织培养技术，可以快速建立无病毒的试管苗。通常来说，植物的茎尖区域不带病毒。用于脱毒培养的茎尖材料要求很小，一般在0.1 ~ 0.3毫米。不仅操作起来需要借助于显微镜等仪器，如此小的茎尖材料培养起来也有不少困难，成活率相当低。但是对于防病毒来说十分有效。

　　在国外，已投入无毒苗生产的植物有马铃薯、兰花、菊花、百合、草莓、大蒜等，不少国家都建立了无毒苗生产基地。日本快速繁殖的草莓无毒种苗，可提高产量30% ~ 50%。欧洲一些国家也普遍采用了快速繁殖的无病毒树苗，大大提高了产量，改善了果实品质。

　　在中国的广东、广西、海南、云南等几个生产香蕉的省份，常常遇到一个棘手的大问题，就是香蕉一旦受到病毒侵害，不但产量降低，而且品种严重退化，不出几年光景，香蕉树已丧失生产能力。利用植物组织技术，选择优良的香蕉品种，建立无毒的细胞系，然后在试管中大量繁殖小苗。待小苗长到一定程度后，再移到大田中生长。由于小苗在快速繁殖过程中完全处于无菌状态，转入大田后也是无毒的，可以大大降低患病率，增加产量。几年后，快速繁殖的种苗可更换一次，这样便保证了品种长期不退化。目前，中国南方几个省份都在采用这种方法生产香蕉，收效很大。

在快速繁殖脱毒方面，黑龙江省种子公司等单位已建成了马铃薯无毒种苗生产基地，通过组织培养生产的无毒种苗可使马铃薯增产50%以上，成功防止了马铃薯退化问题。上海市农科院已获得草莓脱毒苗，经实验证明可使草莓增产40%以上。广西柳州也建成了甘蔗无毒苗生产基地。

植物组织培养技术在拯救濒危物种方面也具有重要意义。对于一些濒于灭绝的珍贵植物物种，即使只剩下一株，也可以让它在短时间内通过组织培养技术繁殖出大量后代，以缓解濒危局面，丰富自然界的物种宝库。

2.＿＿ 原生质体　植株再生

在试管或玻璃瓶里培养一小块植物组织或器官，可以迅速再生为完整植株，那么培养任意一个植物体细胞能不能再生完整植株呢？从理论上说，完全可以。因为植物细胞具有全能性，除了极个别不含细胞核的体细胞外（如植物韧皮部的营养运输细胞），每一个体细胞都含有它所属的植物生命活动需要的全部基因，只要条件适宜，都可以作为种子细胞，具有发育成完整植株的潜能。

但是与动物细胞不同，植物细胞被一层坚硬而富有弹性的细胞壁包裹着。这层厚厚的细胞壁使植物细胞变得十分"慵懒"，妨碍了全能性的发挥。假如除去这层细胞壁，或许植物体细胞会像种子那样，种下去就会长出小苗。问题是，该怎样除去细胞壁呢？

早在1892年，生物学家克勒科尔首先用机械方法除去了藻类的细胞壁。他将细胞放在高浓度的糖溶液中，结果细胞壁和细胞质发生了分离，弄碎细胞壁终于获得了裸露的细胞。这种裸露植物细胞又叫原生质体。后来许多科学家试图用这种方法制备原生质体，遗憾的是，利用这种方法制备原生质体产量极低，而且很多类型的细胞根本无法用这种方法获得原生质体。

20世纪60年代初，英国诺丁汉大学的科金教授用纤维素酶消化番茄幼苗根尖细胞的细胞壁，结果获得了大量原生质体。酶法的好处是，制备的原生质体量大，且不容易破裂。目前用这种方法几乎能从植物的任何部位分离出大量原生质体，如叶片、花、果实、根、肿瘤组织以及体外培养的愈伤组织或细胞。一般来说，用叶肉组织制备的原生质体遗传性状比较一致，而体外培养的组织或细胞无论是遗传性状还是生理状态差异都很大，最好不要用来进行育苗。

由于酶法制备原生质体的优越性，后来这种方法获得了很大发展，到了21世纪在植物细胞工程领域仍在广泛应用。在实践中，常用的工具酶有纤维素酶、果胶酶、蜗牛酶和胼胝质酶等。纤维素酶是从一种称为绿色木霉的真菌中提取的复合型酶制剂。果胶酶则是从另一种真菌——根霉中提取的，它能把细胞从组织中分离出来。蜗牛酶和胼胝质酶对花粉母细胞的消化效果较好。有的酶制剂中含有许多杂质，如酚类、核酸酶、蛋白酶、过氧化物酶等，这些杂质既降低了酶活力，又对制备的原生质体有毒害作用。

在获得了大量有活力的原生质体后，就可以用培养基来培养了。原生质体可以用固体培养法培养，即把制备的原生质体均匀地固定于琼脂培养基中。具体操作时，先配制高浓度的固体琼脂培养基，然后加热溶化，再冷却至45℃，与制备好的等量原生质体悬浮液一起倒入直径6厘米的玻璃培养皿内，接着迅速而轻轻地摇动培养皿，使原生质体均匀地分散在琼脂培养基中，用胶带密封好，再放入直径9厘米的玻璃培养皿中，里面放置湿的无菌滤纸，以保持一定湿度。这种培养法的优点是便于定点观察一个原生质体的生长发育过程。首次培养成功的烟草叶肉原生质体植株采用的就是这种方法。

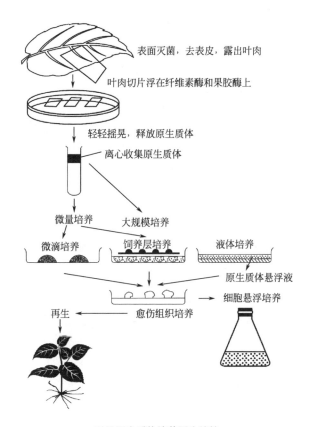

表面灭菌，去表皮，露出叶肉

叶肉切片浮在纤维素酶和果胶酶上

轻轻摇晃，释放原生质体

离心收集原生质体

微量培养　　大规模培养

微滴培养　　饲养层培养　　液体培养

原生质体悬浮液

细胞悬浮培养

再生　　　愈伤组织培养

利用原生质体培养再生植株

　　原生质体也可以用液体培养法培养。它是把纯化后的原生质体悬浮在液体培养基中，可作液体浅层培养或悬滴培养。由于原生质体易沉淀到培养瓶底部，每天需要摇动几次，以利于通气。这种方法生长速度较快，但当细胞分裂成细胞团时，需要转移到固体培养基中，这样才能使细胞继续增殖或诱导分化成幼苗。

　　原生质体还可以用双层培养法培养。首先把原生质体悬浮于液体培养基中，然后转移到固体培养基上。液体与固体培养基相结合，能保持较好的湿度，在培养过程中需要定期加入新鲜培养液，这样更有利于原生质体生长。

在原生质体发育过程中，首先是细胞壁再生。原生质体来源的植物不同，细胞壁再生的速度也不一样，比如，有的蚕豆属植物，在分离原生质体后10～20分钟细胞壁已开始合成，而烟草叶的原生质体要经过3～24小时才开始合成细胞壁。另外，幼嫩的植物细胞合成细胞壁速度较快，成熟的细胞则慢一些。原生质体长出细胞壁后，已成为新的植物细胞，经过多次分裂后形成细胞团。细胞团继续分裂增殖，形成愈伤组织。愈伤组织经过诱导后，长出幼芽幼根，进一步发育成植株。

迄今，不少植物如胡萝卜、油菜、马铃薯、水稻、小麦、木薯、草莓、苹果等的原生质体植株再生都获得了成功，一些真菌、细菌的原生质体再生也取得了重要进展。2013年，王昱等报道了灵芝原生质体再生。2015年，卢月霞等报道了鸡腿菇原生质体再生，孙玲等报道了反硝化聚磷菌N14的原生质体再生，杨子萱等报道了鼠李糖乳杆菌的原生质体制备和再生。2016年，贾瑞博等报道了高粱红曲菌M-3原生质体制备和再生。这些研究成果，都具有潜在的应用价值。

3.___ 花粉培养　良种生产

在植物育种中，有时会遇到一个十分棘手的问题：通过有性杂交获得的种子种下去后，长出的杂种植株遗传性不稳定，有些优良性状会丢失。这是怎么回事呢？我们知道，植物的形状受基因控制，在植物的体细胞中，基因一般是成对存在的。假如控制玉米植株高矮的一对等位基因是A和a，其中A是显性基因，就是说当A存在时，长出来的玉米是高植株；a是隐形基因，可导致玉米长成矮植株。按照基因的自由组合规律，在后代中玉米的基因型会有AA、Aa、aa三种，而表现型至少有两种，其中AA、Aa都表现高植株，aa表现矮植株。Aa属于杂合基因型，在后代中高矮性状还会出现分离，必须经过若干代选择纯化，才能形成稳定品种。这给育种工作带来了诸多不利，尤其是像果树这样以无性繁殖为主、基因型高度杂合、生长期很长的植物，依靠常规的育种途径，往往要经过许多年才能育成一个稳定的新品种。通过花粉育种就可以避免这一缺憾。

什么是花粉呢？花粉是种子植物的雄性生殖细胞，里面的染色体数仅为正常体细胞的二分之一，因而花粉是单倍体，正常体细胞是二倍体。花粉的正常发育途径是产生同样是单倍体的精子，然后通过授粉过程与雌性生殖器官产生的单倍体的卵细胞结合，形成二倍体的种子。花粉也具有全能性，通过培养可长成完整植株，不过单倍体植株与正常二倍体植株相比具有许多劣势：它叶子小、植株矮、长势差、生活力弱，一般不能开花结果。自然界里存在单倍体植物，而且比单倍体动物多见。1921年，伯哥纳首次在高等植物曼陀罗中发现了单倍体植物。

尽管单倍体植物在生产上没有多少利用价值，但可以作为育种过程的一个中间材料。由于单倍体植物基因纯，没有显性基因对隐性基因的屏蔽作用，便于人们从中挑选出具有可用性状的隐性突变体，因而经济效应十分显著。1924年，布雷克斯利提出了在育种中利用单倍体植株，然后加倍获得正常二倍体植物的设想。

科学家们找到了一种能使细胞里染色体数目加倍的化学药剂，它就是在育种中常用的秋水仙素。如果对花粉进行人工处理，也就是把它浸泡在0.2 ~ 0.4%的秋水仙素溶液里，经过24 ~ 48小时处理后，再按常规途径培养，可使染色体数目加倍，变成能够开花、结果的正常的二倍体植株。这种二倍体植株的基因型是纯合的，在以后的繁殖过程中，良种的性状不会丢失，这样可以简化育种过程，缩短育种周期。而且，通过单倍体加倍后的纯合二倍体可表现纯合后的隐性性状，扩大了性状的选择范围，有利于对作物品种改良的设计和诱变育种的进行。

1974年，尼特斯彻等人首创用挤压法分离花粉进行培养的方法。他们取下成熟的烟草花蕾，在5℃放置48小时后，进行表面消毒，取出花药。让花药在28℃的液体培养基上漂浮光照4天，作为预处理。然后，用器械挤破花药，制成花粉悬液。经过滤、离心、培养，只得到了大约5%的花粉植株。成功率低的原因可能是，花粉中缺乏细胞分裂启动所需的有关物质，譬如至今仍然成分不明的水溶性"花药因子"，致使生长、发育欠佳。

为了克服上述缺点，1977年，单兰德等科学家改进了培养策略，用自然散开法收集花粉。他们将花蕾或幼穗在70℃冷处理2周后，让其在适当的液体培养基表面生长，待花药自然开裂散落出花粉后，离心收集花粉，置于含肌醇和谷酰胺的培养基中生长，使花粉发育成植株的效率有所提高。

由于单纯的花粉培养不易成功，有的科学家仍喜欢选用花药作为培养材料。花药培养有时获得的不是单倍体植株。这是因为花药是由花药壁和花粉囊组成的，花药壁细胞是二倍体的，也可以形成愈伤组织发育成植株。

花药培养技术是20世纪60年代获得成功的，迄今仍在农作物育种中广泛应用。1964年，两位印度科学家采用毛叶曼陀罗的花药首次培育出了单倍体植株，后证明这些小植株来源于花粉。1982年，利希特尔采用甘蓝型油菜游离小孢子（花粉）培养，诱导胚胎发生和植株再生。2013年，辣椒通过花粉培养育种成功。2014年，大白菜、花椰菜、亚麻花粉育种成功。通过这项技术，已获得了几百种植物的单倍体植株。

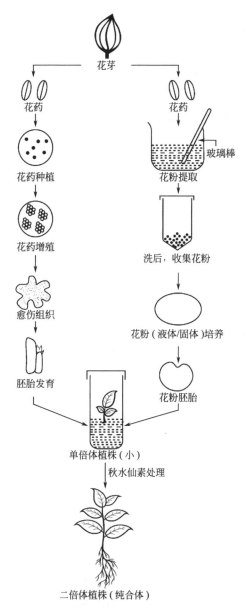

花粉及花药培养发育成单倍体植株和二倍体植株

部分植物花粉培养

植物名称	取材花粉发育时期	基本培养基	预处理方式	再生方式	研究时间
草莓	单核靠边期	NLN	低温	胚状体途径	2011（王萌）
马蹄莲	单核中晚期和双核早期	NLN	高温	愈伤组织途径	2011（Wang SM等）
印度尼西亚橄榄	单核晚期至双核早期	NLN	热激	胚状体途径	2011（Winarto B等）
西兰花	单核晚期	NLN	热激并暗处理	胚状体途径	2011（Na Hy等）
玫瑰茄	单核期	MS	低温／高温／暗处理	愈伤组织途	2012（Ma'arup R）
辣椒	双核初期/单核晚期至双核早期	NLNS	热激/暗处理/甘露醇	胚状体途径	2013（Kim M）
埃塞俄比亚芥	单核晚	NLN	热激并暗处理	胚状体途径	2013（Yazdi EJ等）
大白菜		NLN	低温	胚状体途径	2014（施柳）
花椰菜	单核晚期至双核初期	NLN	低温	胚状体途径	2014（Gu H等）
亚麻	单核中后期	HA		愈伤组织途径	2014（宋淑敏等）
菜薹	单核靠边期	MS	黑暗	愈伤组织途径	2015（乔燕春等）

中国自行研制的N_6培养基、马铃薯培养基在水稻和小麦等作物上收到了很好的单倍体诱导效应，不仅国内广泛采用，在国外也受到了好评。在木本植物上，中国已获得了苹果主栽品种的花粉植株，在国际上处于领先地位，还培养出了三叶香蕉、黑杨等20多种木本植物的单倍体花粉植株。

4.＿＿ 植物细胞　中药生产

全球植物种类约30万种，仅高等植物就有3万余种，植物是人类赖以生存的食物和药品的重要来源之一，在它们的细胞中包含着数以万计的化合物。

李时珍编纂《本草纲目》的故事已为世人熟知，在这部巨著中共开列了1892种药物，其中绝大多数是植物。因为植物在生长过程中会产生一些"副产品"，即次生代谢物，其中许多是重要的药物，可以用来祛病强身。

植物细胞中的药用成分主要包括两大类。一类是细胞后含物，它是细胞的储藏物，包括生物碱（alkoloicls），如麻黄碱、阿托品、奎宁、小檗碱等；糖苷类（glucoside），如黄酮苷、洋地黄苷、蒽醌苷、紫草宁等；挥发油（volatile oil），如薄荷油、丁香油、桉油等和有机酸（organic acid），如苹果酸、枸橼酸、水杨酸、酒石酸等。另一类称为生理活性物质，包括酶类（enzyme）、维生素（vitamin）、植物激素（plant-hormon）、抗生素（antibiotic）和植物杀菌素（plantfungicidin）等。

据保守估计，目前已发现的植物天然代谢物已超过2万种，每年还以新发现1600种的速度递增。这些新发现的植物在生活过程中产生的副产品，都有可能成为新的药物。

随着对药物的需求不断增长，加之过度开采和自然灾害的影响，野生药用植物资源日益枯竭，目前仅奇缺中药就有百种以上。过去，许多名贵药材（如天麻、人参、当归、黄芪等）均采用人工栽培，然而由于植物生长缓慢，即使大规模栽培仍不能满足实际需要。

那么该怎么办呢？我们知道，植物是由细胞组成的，它的药物成分也是由细胞在生活过程中产生的，通过大规模培养植物细胞，可以达到生产天然中草药的目的，这时培养的每一个细胞本身都成了一个微型的药物生产工厂，而且植物细胞培养是在室内人工控制的环境里进行的，不受季节和自然灾害的影响。

1968年，Reinhard等开创了利用植物细胞生产药物的先河，生产出了哈尔碱，以后又相继生产出了薯蓣皂苷、人参皂角苷和维斯纳精。目前国外用于大批量生产烟草的细胞培养罐已达2万升（20吨），中国培养红豆杉细胞生产抗肿瘤药物紫杉醇的规模已达每升60毫克的世界先进水平。

工业化培养植物细胞主要有两种方法，一种是悬浮培养，另一种是固定培养。

悬浮培养适用于大量快速地增殖细胞。1953年，Muir成功地对烟草和直立万寿菊的愈伤组织进行了悬浮培养。时隔6年，Tulecke和Nickell又推出了一个20升的植物封闭式悬浮培养系统。该系统由培养罐和4根辅助的导管组成。经高压蒸汽灭菌后加入需要培养的细胞和培养基，然后用不含细菌的压缩空气进行搅拌。培养一段时间后，培养基里的营养耗尽，细胞不再增殖和生长，这时开始打开培养罐，收获细胞，提取代谢产物。

这种分批培养法的好处是简单，且不容易污染细菌，但生产效率很低，次生代谢产物的积累很少，于是有人在此基础上进行了改进。众所周知，细胞在新陈代谢过程中会产生一些化学物质，如乳酸、氨等，当这些物质在培养液里积累到一定程度后，就会抑制细胞的生长。于是，科学家想出了一个绝妙主意：当培养基里的营养消耗到一定程度时，开始排出一部分培养基，同时加入同样量的新鲜培养基，这样既补充了培养罐里的营养，又稀释了细胞在生长过程中产生的有毒化学物质，使细胞重新开始旺盛生长；待培养一段时间后，随着培养基里营养的消耗和有毒物质的积累，再补充新鲜培养基。这种培养方法称为连续培养或罐流培养。其优点是显而易见的，可以大大提高生产效率。

罐流培养虽然使细胞产量增加了，但不利于积累药物，于是科学家又发明了分段培养法。在培养的前期阶段，补充营养，加大氧气供给，促进细胞大量生长。到了后期阶段，不再补充营养和氧气，这时由于生活环境发生改变，细胞的新陈代谢方式也被迫发生了改变，开始积累较高浓度的药物。

与悬浮培养相比，固定培养更有利于药物积累。所谓固定培养，就是将细胞包埋在惰性支持物的内部或贴附在其表面。1979年，Brodelius率先用藻酸钙固定培养橘叶鸡眼藤、长春花、希腊毛地黄细胞。在实验中，他发现固定后的细胞倾向于分化和形成组织，而且这样的细胞更有利于药物合成。

常见的植物细胞固定培养法有平床培养和立柱培养。先说平床培养法，整个培养系统由培养床、储液罐、蠕动泵等部分组成。床底是聚丙烯等材料编织成的无菌平垫，新鲜的细胞固定在平垫上。无菌培养基固定在培养床上方，通过管道向下滴注培养基，供给细胞营养。培养床上消耗过的培养基，再通过蠕动泵送回储液罐。本系统的设备虽然简单，但比悬浮培养法能更有效地合成天然药物。

另一种固定培养法是立柱培养法。它是将培养的植物细胞、琼脂、褐藻酸钠混合，制成一个个 1 ~ 2 厘米见方的细胞团块，并将它们集中于无菌立柱中，这样可使储液罐下方的营养液流经大部分细胞，即滴液区比例大大提高，次生物质的合成大为增加，同时占地面积大为减少。

植物细胞培养生产的产品不外乎两种，一种是细胞本身，另一种是细胞代谢产物。前者如人参、紫草、烟草的细胞培养。目前，人参细胞培养的规模已达2立方米，国内也达到日产10千克湿细胞的产量。收获湿细胞，冻干，可得到活性人参细胞粉，它既是保健食品原料，又可作为药材。紫草细胞的培养规模亦达到了750升，获得的紫草细胞可直接用于制造口服或外用消炎剂，也可用于提取紫草素。日本曾用二阶段法培养烟草细胞，收集后作为香烟原料，规模达到20立方米。

通过植物细胞培养生产的初生和次生细胞代谢产物已有50多个大类，包括药品、香料、油类、乳胶、维生素、色素、激素、多糖、植物杀虫剂、生长激素等，其中药品又包括抗生素、类胰岛素、抗肿瘤药物等。已有30多种药物的含量在人工培养时已达到或超过亲本植物的水平，如培养的人参细胞中，人参皂苷的含量较天然植物高5.7倍，且含有天然人参不具有的酶类及其他活性成分，其保健作用优于天然人参。培养的橙叶鸡血藤细胞培养物中蒽醌含量较天然植株高8倍。在已研究过的200多种植物细胞培养物中，已发现可产生30多种对人类有用的成分，其中不乏临床上广泛应用的重要药物。

植物细胞培养极大地缓解了珍贵药用植物短缺的紧张局面，丰富了中国特有的中草药宝库。从天然产物中寻找新的生理活性成分，开发新药也成了全球研究热点。

植物细胞培养生产的部分药物

化合物	细胞来源	作用
地高辛	希腊毛地黄细胞	强心药
毛地黄毒素	毛地黄细胞	强心药
利血平	罗夫木细胞	降血压药
喹宁碱	金鸡纳树细胞	治疟疾药
长春花碱	长春花细胞	治白血病药
吗啡	罂粟	止痛药
四氢大麻醇	大麻细胞	治精神病
紫草素	紫草细胞	消炎药
人参皂苷	人参细胞	保健品
黄连素	黄连细胞	止泻药
类胰岛素	苦瓜细胞	类胰岛素
β-葡糖脑苷脂酶	胡萝卜细胞	戈谢病（葡糖脑苷脂酶缺乏症）

5.___ 动物细胞　大量培养

动物细胞培养用的生物反应器

A—玻璃培养罐（2升）；B—不锈钢培养罐（20升）

在人的体液中有一些极其重要的物质，它们在临床上十分有效。如，尿激酶是治疗心脑血管疾病的重要药物，干扰素是抵抗病毒入侵的重要药物，促红细胞生成素是治疗恶性贫血的有效药物，它们在人体内含量甚微，用常规方法难以提取。科学家研究发现，这些药物是蛋白质性质的，是在基因指导下合成的。如果分离和克隆这些药物基因，然后让它们在细胞内的蛋白质合成机器——核糖体上大量合成这些药物蛋白，则可以获得足够的药物。实际上，这也是生物工程应用的一个重要方向。

在生物工程实践中，往往优先考虑把药物基因转入大肠杆菌中生产。这是因为大肠杆菌每20多分钟分裂一次，而且培养基价格相对低廉，大大降低了生产成本。然而有些药物基因，如促红细胞生成素，当转入大肠杆菌中时，培养产生的药物蛋白没有活性。科学家不得不考虑把药物基因转入动物细胞（一般用中国仓鼠卵巢细胞）。

进一步分析发现，正常的促红细胞生成素分子中有糖的成分，当基因在大肠杆菌中表达时，产生的促红细胞生成素没有糖成分，也就没有活性。当基因在动物细胞中表达时，细胞里的内质网和高尔基体可以为刚刚生成的药物分子加上糖的成分，从而可以表现活性。虽然动物细胞生长缓慢，而且培养基十分昂贵，但为了生产高效的蛋白药物，科学家们还是毫不犹豫地选择了动物细胞。

实际上，转入了药物基因的工程细胞成了一个微型药物生产工厂。要想大量生产药物，必须有更多的药物工厂，也就是大量培养工程细胞，让它们源源不断地分泌药物。通常，人们习惯于把属于"细胞工程"范畴的工程细胞（包括动物、植物、微生物细胞）大量培养称为生物工程中游，而把通过基因工程手段获得高药物产量的工程细胞称为生物工程上游，把从培养物中分离提取药物称为生物工程下游。因此，工程细胞大量培养在基因工程药物生产中具有承上启下的重要作用。

动物细胞大量培养在策略上无非有二：一是扩大培养容器的容积；二是提高工程细胞培养密度。

培养动物细胞的容器叫细胞培养罐，实验室里使用的一般为2升或5升，罐体是用耐热的玻璃制成的，而工业化生产的细胞培养罐一般要比这大得多，罐体是用不锈钢制成的，可以就地进行高压蒸汽消毒。不论是哪种培养罐，通常连接有排液管、通气管以及一些检测培养罐内环境条件的仪器探头，如温度计、pH计、溶氧仪等。目前国内使用的细胞培养罐大多数是从美国、德国和日本进口的，但国内一些单位（如上海的华东理工大学、北京的中国科学院化工冶金研究所）也在积极研制和生产细胞培养罐。

在工业化生产中，细胞培养罐容积不能无限扩大，因为这会大大增加厂房面积，也增加了污染机会。一旦培养细胞出现污染，将会造成巨大经济损失。与扩大培养容器容积相比，提高工程细胞的培养密度在经济上显然更为划算。

提高动物细胞培养密度的方法有很多，其中最早使用和目前普遍使用的是微载体法，它是由荷兰科学家Von wezel于1967年发明的。所谓微载体，其实是一种在显微镜下才能分辨清楚的小球，通常是用明胶、纤维素、葡聚糖等制成的。细胞可以贴附在微载体表面生长，由于球体具有最大的表面积和体积比，更多的细胞可以贴附在上面生长，从而提高了单位体积内细胞的密度。

在实验室里小量培养时，为了节约成本，可用一侧带有分枝取样口的转瓶。它和磁力搅拌器配合使用，是由耐热的玻璃制成的，从100毫升到1000毫升形成一个系列，根据不同需要可以进行选择。培养前，在无菌条件下把动物细胞和微载体加入转瓶，然后转移到恒温培养箱内。调节磁力搅拌器转速，让它带动转瓶内磁力搅拌棒转动，以让微载体和培养细胞悬浮起来，既利于细胞充分接触营养，又利于细胞在微载体上贴附。

如果是摸索生产工艺，最好是用计算机控制的培养罐。开始时可用小的，如2升的细胞培养罐。罐体上插有温度计、pH计、溶氧仪、进液管、排液管、取样管、进气管等。在具体培养时，罐体及其附属的管子和探头密封后，首先进行高压蒸汽消毒，之后在无菌条件下向罐内加入微载体和培养细胞。调节控制面板上的温度、pH、溶解氧、搅拌转速等参数，使细胞在合适的环境下生长。

在培养过程中，需要定期取样分析各种参数，如葡萄糖消耗、氨基酸消耗、乳酸积累、氨积累、细胞密度、转入基因产生的药物量，然后以这些参数为纵坐标、以培养天数为横坐标画出一些曲线，这样便于分析培养工艺。至于细胞在微载体上分布得是否均匀以及形态是否正常，可取样用显微镜观察。待培养工艺成熟后，可逐步扩大培养规模，直到适合工业化生产。

一般微载体培养的细胞密度为每毫升100万~200万个细胞，如果把微载体技术和罐流技术结合，细胞密度可以提高一个数量级，从而大大提高了生产效率。所谓罐流培养，就是在培养过程中，通过电脑控制的蠕动泵不断地抽出消耗的培养基，同时加入新鲜的培养基，使细胞始终在良好的营养环境中旺盛地分裂、生长。目前，罐流培养的细胞密度已达每毫升培养基近亿个细胞，而人体内细胞的密度是每立方厘米二三十亿个细胞，因此该技术仍有发展潜力。

罐流培养法自动化程度高，减少了污染发生机会，特别适合于工业化生产。工程细胞分泌的蛋白药物就存在于抽出的培养基里，通过不断地收集抽出的培养基，可对药物进行分离纯化。

利用微载体培养时，动物细胞只能在微载体表面生长，而且有些基因工程细胞是悬浮生长的，不能贴附在微载体上。在微载体基础上，又发展了多孔微载体，又叫多孔微球。它的制作材料主要有明胶、胶原、玻璃、塑料、纤维素、陶瓷、海藻酸钠等，但制作工艺远比微载体复杂，主要是多孔微球的大小和孔径不好掌握，尽管如此，国内外仍成功制造了多种多孔微球。

多孔微球的大小和微载体差不多，但表面有许多孔洞，而且内部几乎是空的，细胞既可以在多孔微球内部生长，又可以在表面生长，因而大大提高了细胞密度。杂交瘤细胞的培养密度可以达到每毫升培养基5千万个细胞，而贴壁性的基因工程细胞甚至可以达到每毫升微球一两亿个细胞，使工业化生产的成本大大降低。英国著名生物学家格瑞菲斯高度赞誉，它是微载体发展的第二阶段，是细胞培养技术的一次革命。

除用于动物细胞大量培养生产生物制品外，一些可生物降解的多孔微球还可作为一种新的治疗手段，即利用多孔生物材料培养具有重要医学价值的骨髓和血细胞。

(A) 电子显微镜照片，培养细胞前　　　　(B) 电子显微镜照片，培养细胞后

多孔微球

比较成熟的动物细胞大量培养技术还有中空纤维法、微囊法、流化床法等。目前动物细胞大量培养技术的规模已达几千升甚至上万升。

几十年来，利用动物细胞大量培养技术已生产了许多具有重要实用价值和商业价值的细胞产品。比如，除了前面提到的基因工程药物外，还有肿瘤坏死因子、干扰素、组织型纤维蛋白溶酶原激活剂、生长激素、血清蛋白等。再比如各种病毒疫苗，由于病毒只能寄生在活细胞内生存、繁殖，因而病毒疫苗的生产离不开活细胞，用细胞大量培养技术生产的疫苗包括口蹄疫苗、狂犬疫苗、脊髓灰质炎疫苗、牛白血病疫苗、麻疹疫苗等，它们都是在严格控制的条件下进行生产的。其他还有单克隆抗体，不仅种类繁多，而且应用领域广泛。不仅如此，培养的某些活细胞本身也可作为治疗剂。

近年来，随着基因技术和细胞培养技术的发展和完善，国际上兴起了一种用活细胞作为治疗剂医治各种疑难遗传病症（包括癌症）的活细胞疗法。这一新兴的医疗方法主要是采用遗传工程技术，在体外繁殖患者的自体细胞，包括淋巴细胞、骨髓细胞、肿瘤浸润的细胞、异体的胚胎细胞、婴儿脐带细胞、胸腺细胞等活细胞，使之扩增或产生具有疗效的物质，如抗体、蛋白、激素等，再将这些活细胞注入或植入患者体中，来医治一些恶性肿瘤和血癌等疾病。从国内外临床实验和应用来看，这种活细胞疗法对癌症、白血病、糖尿病、血友病以及艾滋病等严重的遗传病和传染病都有明显的疗效。以治疗癌症为例，其最大优点就是可以向扩散的细胞进攻而不伤害正常细胞。

目前，动物细胞大量培养技术已日臻成熟，成为细胞工程的一个重要领域，发展前景十分诱人。

6.＿人造皮肤 焕发容颜

在人体所有器官中，除肝脏和大脑外，再没有其他器官比皮肤的功能更加复杂多样了。皮肤覆盖着全身，是人体的重要门户，也是人体抵御外界各种不良因素入侵的第一道防线。皮肤内的表皮、真皮和皮下组织形成了一道独特的三位一体的立体防线，能够消除或减小外界各种物理（如摩擦、挤压、牵拉、高温、低温、放射线、紫外线等）、化学（如酸、碱、化妆品、外用药等）和生物（如细菌、病毒、真菌、寄生虫等）因素对人体的伤害。

不仅如此，皮肤还具有吸收功能。虽然正常皮肤很少吸收气体、水分和电解质，但脂溶性物质、油脂类、重金属、盐类物质、无机酸等都可不同程度地被皮肤吸收，皮肤的吸收功能也是通过皮肤用药的理论基础。皮肤还具有分泌功能，皮脂腺能够分泌和排泄皮脂，对皮肤和毛发起着润滑和保护作用。皮肤还能参与制造维生素D_3、调节体内水分、盐分、储藏血液、脂肪，

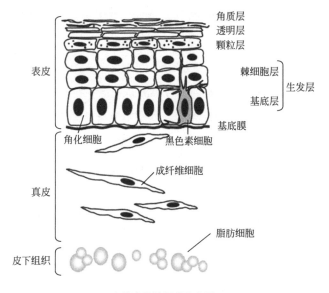

人类皮肤的组成和分层

（译自：Larissa Zaulyanov and Robert S Kirsner. A review of a bi-layered living cell treatment (Apligraf®) in the treatment of venous leg ulcers and diabetic foot ulcers. Clinical Interventions in Aging, 2007, 2(1): 93–98）

起着人体血库和能源库的重要作用。当然，皮肤的作用还不止这些。

正是由于皮肤是人体的门户，它很容易受到伤害或染上疾患。如较大面积的烧伤、烫伤、皮肤化脓、溃疡以及由微生物入侵导致的各种皮肤病，在治疗过程中往往需要皮肤移植。如果用其他人的皮肤为患者移植，可能会出现免疫排斥现象，也就是说移植的皮肤无法长到患者身上。从患者自身取皮，固然可以避免这一问题，但对于患者而言无疑是雪上加霜，只不过是一种拆东墙补西墙的下策。

长期以来，科学家们成功研制了多种皮肤代用品，丰富了临床治疗手段，减轻了患者痛苦，其中颇引人注目的是近年来在上海和大连等地出现的一种"人造皮肤"。虽然说是"皮肤"，确切地说，并不是血肉之躯的皮肤，而是一种甲壳质纤维做的医用纱布和护创贴。不过与临床上应用的猪皮覆盖材料相比，具有许多优点且价格低廉。

甲壳质广泛存在于虾类、蟹类和昆虫类的外壳以及菌类、藻类的细胞壁中，它无毒、可降解、与人体相容。人造皮肤是将甲壳质处理后拉成12微米宽的细丝，然后加工成各种医用敷料。目前在实验室里可以达到年产1吨的规模。用甲壳质作皮肤代用品的好处是，它具有良好的透气、透水性能，敷在烧伤、烫伤、溃疡、褥疮等体表后，不仅能保护伤口不受感染，还有很强的治疗功能，敷上以后不用更换，伤口好了自行脱落，经细胞毒性试验、溶血试验、皮肤原发刺激试验，也符合医用要求。但人造皮肤就像用大豆蛋白制成的食品"人造肉"一样，它毕竟不是真正的皮肤，无法实现皮肤的一些重要功能。

从植物细胞经过培养后可以长出整个植株中，我们受到启发，是否可以通过培养皮肤细胞再生皮肤呢？从理论上说当然可以，但在技术上很难施行，因为动物细胞不像植物细胞那样即使分化后仍具有良好的全能性，就一般动物细胞而言，一旦出现分化，全能性很难恢复。这也不是绝对的，有的皮肤细胞在外界环境条件改变后，也会返老还童，继续分裂、增殖。

自1997年以来，美国、德国、俄罗斯、日本、英国以及中国天津的南开大学已经成功利用细胞培养技术制造出了皮肤，虽然这也是人造的，却是具有真皮结构和功能的器官性皮肤。

南开大学制备的器官性皮肤是选用一种天然聚合物材料作载体骨架，让活的天然皮肤细胞在上面附着、生长、分裂，待皮片长到一定程度后便可用于临床。皮肤移植后，在一定时间内载体材料骨架会自行分解，产生新形成的细胞间基质，从而构成新的皮肤，达到类似于自身皮肤移植的目的。这种通过细胞培养技术生产的皮肤是一种活性皮肤，等同于真皮，可用于大面积皮肤损伤后的皮肤移植修复，也能用于给不能提供自身皮片的患者（比如，皮肤糜烂的糖尿病患者）进行皮肤移植，是一种具有广泛应用前景的人造器官产品。

不久前，日本东京大学的科学家们发明了一种能够再造人的新技术，尽管造人尚处于科幻阶段，但新的人造器官技术已可实际应用。这些科学家主要是开发出了一种新型物质，它能够给组织的再生提供良好条件。用这种物质做成立体框架，人体皮肤细胞以及其他细胞都能够在上面生长，并且自我组织成必要的形状及组织结构，这个过程就像人类的骨架可以为人体提供支持一样。生长完成之后，那些支架就逐渐降解，最后只留下长成的组织。

虽然目前科学家还不能培养出可以伸缩、转动的眼睛以及可以托举东西的手臂，但所掌握的技术已可以培养人造皮肤、血管，甚至某些最重要的生命器官，比如心脏瓣膜、骨头和肺的组织，不过现在能够实际应用的只有人造皮肤。

通过培养新生儿阴茎包皮细胞，美国科学家成功获得了另一种真皮性皮肤。不久前，美国一家医院用这种皮肤对17名患者进行了移植治疗。所用皮肤是由新泽西州一家药厂提供的，售价十分昂贵。接受治疗的17名患者包括15名儿童和2名成人，他们患有一种特殊的病症，其症状为皮肤异常敏感，即使是轻微的触摸也会使他们的皮肤出现水疱。科罗拉多州一对夫妇在他们两岁半的女儿接受手术后，对治疗结果表示满意。科学家分析，新生儿细胞生活力强，分裂旺盛，这可能是实验成功的主要原因。

Apligraf是美国Organogenesis公司生产的一种含有双层活细胞的人工皮肤产品，也是目前比较成熟的组织工程皮肤产品。细胞成分是异体的上皮细胞和成纤维细胞，均来自新生儿包皮，移植成功率高。该产品已被美国食品药品管理局批准临床应用，治疗慢性皮肤溃疡、糖尿病足等疾病。

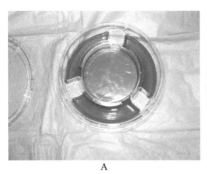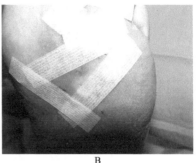

A   B

具有双层活细胞的人工皮肤产品Apligraf

（引自：Larissa Zaulyanov and Robert S Kirsner.A review of a bi-layered living cell treatment (Apligraf®) in the treatment of venous leg ulcers and diabetic foot ulcers. Clinical Interventions in Aging, 2007, 2(1): 93–98）

A—Apligraf（表皮层朝上）；B—用外科免缝胶带将Apligraf固定在伤口上

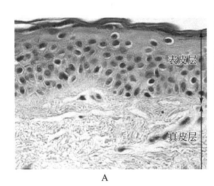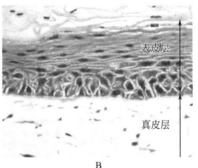

A   B

人面部皮肤与人工皮肤比较（光学显微镜图，60倍放大）（见文后彩图）

（引自：Carla Abdo Brohem, et al.Artificial skin in perspective: concepts and applications.Pigment Cell & Melanoma Research, 2011, 24(1): 35–50）

A—人面部皮肤的表皮层（Epidermis）和真皮层（Dermis）；
B—人工皮肤的表皮层（Epidermis）和真皮层（Dermis）

　　中国生产的人造皮肤商品名为"安体肤"，2008年初开始批量生产，已应用于临床医疗。安体肤研发前后共用了约10年时间，科研经费投入8000万元人民币，而美国同类产品的研发周期是18年，科研经费投入4.6亿美元。

目前已经获批或正在进行临床试验的组织工程皮肤产品

产品名称	适应证	制造商
Alloderm	烧伤、烫伤	Life Cell，美国
Integra	大面积Ⅲ度烧伤、烫伤	Integra Lifesciences Corporation，美国
Epicel	烧伤、烫伤	Genzyme Biosurgery，美国
TransCyte	Ⅱ度和Ⅲ度烧伤	Advanced Tissue Science，美国
Apligraf	慢性皮肤溃疡	Organogenesis，美国
Dermagraft	慢性皮肤溃疡	Advanced Tissue Sciences Inc.，美国
		Smith and Nephew，英国
EpiDex	慢性皮肤溃疡	Euroderm，德国
Epibase	慢性皮肤溃疡	Laboratoires Genévrier，法国
Myskin	慢性皮肤溃疡	CellTran，英国
OrCel	慢性皮肤溃疡	Ortec，美国
BioSeed-S	慢性皮肤溃疡	BioTissue Technologies，德国
Hyalograft3D Laserskin	慢性皮肤溃疡	Fidia Advanced Biopolymers，意大利
安体肤		陕西艾尔肤公司，中国

这种利用异体细胞培养的皮肤进行移植的好处是，患者可以得到及时治疗，也存在免疫排斥的危险。真正理想的皮肤移植应该是培养患者自身的皮肤细胞，然后用于移植，这样会大大提高移植成活率，但对于那些需要迫切治疗的患者不适用。

对于另一类患者，却是一个大大的福音。他们的皮肤具有正常生理功能，但长得十分糟糕，严重影响了美观。比如皮肤相当粗糙、有大面积的胎记、大片的面部疤痕等。俗话说，爱美之心，人皆有之。如果能够通过培养自身皮肤细胞，然后进行移植，使他们拥有靓丽容颜，无疑会使他们感到幸福无比。随着科技的发展，这在将来是可以做到的。

7. ___培养器官 植肾换肝

对于一部机器，当个别零件损坏后，会导致不能运转，当更换这些零件后，机器会恢复正常运转。其实，人体也是这样，从古至今，只要某一要害器官受到损伤与衰竭后，就可导致人死亡。这种要害器官或是肾、或是肝、或是心、或是肺……假如仅仅是肾功能衰竭，而其他重要器官（心、肺、肝等）都完好无损，也将导致死亡。

那么，人能不能像机器一样，当某一零件损坏了，换上一个新零件使机器重新运转而不至于报废呢？ 2000年5月30日，哈萨克西部阿克纠宾斯克州医学院的科学家用胚胎干细胞培育出新肝脏。他们把胚胎干细胞注射入患肝硬化的老鼠体内，发现在有病变的肝脏旁发育出第二个肝脏，它取代了病变肝脏的原有功能。本来患这种病的老鼠通常会在一两周内死亡，经过这种治疗后，病鼠逃过一劫。该医学院副院长伊斯特留奥夫说，老鼠首次得到一个新肝脏，一个绝对新的健康肝脏，其功能与原有的完全一样。得到治疗的老鼠已经可以到处跑动、进食和完成其他活动。实验还显示，注入老鼠体内的细胞没有损害老鼠的大脑以及其他重要器官，说明这种治疗手段是安全、可靠的。

注入干细胞后老鼠肝脏再生

（引自：Bhatia SN, et al. Science Translational Medicine, 2014, 6(245): 245sr2）

这一实验虽是在动物身上进行的，对于人类也同样具有重要意义。如果这种方法应用于人类，就能挽救患肝癌、肝硬化的患者，因为这些疾病都需要更换肝脏。

早在公元前300年，我们就有过利用器官移植治疗疾病的神奇传说。在《列子·汤问》中记载着战国名医扁鹊为赵、鲁二人互换心脏的故事。但这毕竟是传说和幻想，按照当时的医学水平，根本不可能做那样的手术。

真正的器官移植实验开创于20世纪初，迄今已有近百万名身患不治之症者，通过肾脏、肝脏、心脏、胰腺等器官移植以及骨髓移植，获得了第二次生命。在器官移植时，用于移植的器官价格昂贵，且来源严重不足，这使许多亟待治疗的患者只能望洋兴叹。从2015年1月1日起，中国全面停止使用死囚器官作为移植供体来源，公民逝世后自愿捐献器官成为器官移植使用的唯一合法渠道。

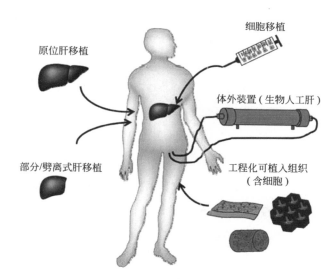

肝移植及基于细胞的治疗

（译并修改自：Bhatia SN, et al. Science Translational Medicine, 2014, 6(245): 245sr2）

　　利用干细胞培养法生产人造器官，有望缓解器官供应的紧张局面，使更多的患者得到有效治疗。目前利用多能或专能干细胞培育人体细胞和组织的研究已经取得了一定成果，但应用前景更广阔的还要数分化能力最强的全能干细胞，它只能通过胚胎获取。受精卵在分裂期的早期、尚未植入子宫之前，会形成一个称为囊胚的结构，它由大约140个细胞组成。在囊胚内部的一端，有一个内细胞团，这个细胞团便是具有全部分化能力的胚胎干细胞集合。如果能将它们取出，就可以在体外诱导产生不同的组织细胞甚至器官供移植用。

　　在体细胞克隆技术出现之前，科学家只能通过流产、死产或人工授精的人类胚胎获取干细胞进行研究。克隆羊"多莉"的问世，意味着人们可以通过体细胞克隆出人类胚胎，这将使获取干细胞更为容易。医生可以从患者身上取下体细胞进行克隆，使形成的囊胚发育6～7天，然后从中提取干细胞，培育出遗传特征与患者完全吻合的细胞、组织或器官，然后向提供细胞的患者移植这些组织、器官，这就是所谓"治疗性克隆"。与其他人造器官相比，治疗性克隆的优越性是不会产生排斥反应，手术成功率高。这一技术一旦成熟，血细胞、脑细胞、骨骼和内脏都将可以更换，这给患白血病、帕金森病、心脏病和癌症等疾病的患者带来生的希望。

　　在新加坡，科学家通过其他技术途径也获得了移植所需的器官。从几年前开始，新加坡国立大学工程系、生物科学系和医学系的研究人员通力合作，从有问题的器官中抽取细胞组织，在实验室里培养后，再注射回原来的器官，让细胞自然增殖，重新生长。不久前，他们已为三名患者进行了软骨组织培育，到现在为止，患者的情况非常稳定。除了软骨，医学系研究小组目前也在动物身上进行神经、心脏血管及肝的体外培养实验，效果令人鼓舞。

　　新加坡国立大学医学系李永兴教授告诉媒体，今后，当一个人的器官受损或被病菌感染时，医生将不会再为他们移植人造器官，而是从有问题的器官内取得细胞组织，在实验室里培养后，再把它们注射回原来的器官，让细胞自然增殖，重新生长。由于所采用的是本身的细胞组织，身体不会出现排斥现象。他透露，他们也将尝试从女性身上抽取卵子进行培养。理论上，由于卵子是人体的胚胎，因此无论移植到任何一个器官，都应该能够成功"融合"。21世纪初，新加坡国立大学生物医学工程专业的张瑞兴教授也向媒体表示，他的实验室已成功地在动物身上完成骨骼及皮肤的细胞培养工作。他希望在未来5～10年内，能把这项技术应用到人身上。但目前没见到相关报道。

在俄罗斯，科学家们将老鼠的胰腺移植到糖尿病患儿体内，试图医治这种难以治疗的疾病，结果获得很大成功。这种新方法是由全俄移植学和人造器官研究所研发的，在儿童临床医院得到试用。医学专家将新出生的一种大耳朵老鼠做浅度麻醉，然后取出胰腺，置入营养液进行培养，两个星期后移植到患儿的腹部肌肉里，移植到人体内的老鼠胰腺组织会制造出胰岛素及其他人体必需的物质。移植老鼠胰腺后，患儿病情迅速好转，身高也开始增长。40只老鼠的胰腺足以治疗一名儿童糖尿病患者。

儿童患糖尿病后往往引起所谓莫里亚克综合征，表现为抑制患者身体各器官的发育，使其身高不足150厘米，形似侏儒。采用新方法治疗后，患儿病情不但大大减轻，一般在一年内身高可增长20厘米左右。

在日本，科学家们培育出带有人组织器官的猪（嵌合体猪）用于器官移植。猪的脏器，无论从体积大小还是从功能来看，都与人的脏器十分相似，只要克服移植过程中出现的排斥反应，猪的脏器照样可以为人所用。名古屋大学的研究人员将人类的DNA细胞植入猪的受精卵中进行实验，不久前他们宣称，在世界上首次培育出了"嵌合体猪"新品种。他们通过现代生物技术将人血中的各种酶基因与猪的冷冻胚胎相互融合，然后将其植入19头母猪的子宫中，结果有3头母猪在预定时间内顺利产下27头混有人血基因的小猪崽。在科研人员精心养护下，它们均生长发育得十分健壮。

科学界普遍认为，在人与猪之间架起的血桥是向着实用器官移植迈出的重要一步，最终有利于猪器官在人体内安家落户。这一成果受到国际生物学界的广泛关注，千百万人将会因此而获益。

美国的科学家们在人造器官方面甚至走得更远，他们试图通过基因合成技术"从头"设计和生产人造器官，并可望这种人造器官在两年内诞生。

组织工程技术与3D打印技术相结合为组织器官再生提供了新契机：一方面，可利用各种细胞和生物材料在体外打印出某些组织器官的"雏形"，进而培养出有功能的组织器官，供临床移植应用；另一方面，可在活体上用细胞和可降解生物材料作"墨水"原位打印（in situ printing）缺损的组织器官，节省了体外培养的组织器官还要进行移植的步骤和费用。3D打印出来的组织器官"雏形"形状是固定的，但由于组织器官里有活细胞，细胞是生长的，所以随着时间推移，组织器官的形状会发生改变。这种打印出来的物体可随时间而变化的打印技术，又叫4D打印，在组织器官再生领域具有重要应用前景。更高级的是5D打印，打印出来的物体不仅形状可以随时间改变，功能也可以随时间改变。这种5D打印理念非常适合组织器官制作，因为人体组织器官的形状虽可以直接打印出来，但生理功能直接打印不出来，只能随着以后细胞的生长发育去实现。遗憾的是，无论3D打印还是4D、5D打印，都还没有创造出真正具有生理功能的组织器官，尤其是有生理功能的血管和神经的打印，就更是难上加难。

有生理功能的组织器官，未来也许可以通过5D打印实现，届时植肾换肝有可能将像汽车换零件一样简单。

第三章

奥秘无穷的细胞融合

1.___杂种细胞　生产单抗

　　细胞融合是最早发展起来的细胞工程技术之一。通过同种类型或不同类型细胞之间的融合，可以创造出许多奇迹，其中单克隆抗体（简称单抗）就是一个很好的例子。什么是单抗？它又是怎样制造出来的呢？

　　我们对免疫都不陌生，它是生物体的一个重要功能。依靠这一功能，生物体可以识别自己和非己成分，以破坏、排斥侵入体内的细菌、病毒以及其他异物，甚至体内正常细胞"叛变"后产生的肿瘤细胞，从而对生物体起到保护作用。可以说，人和高等动物体内进化出来的免疫系统，是名副其实的健康保护神。当免疫系统功能降低或遭到破坏后，生物很容易感染疾病。比如，令人胆战心惊的艾滋病毒就专门破坏人的免疫系统。

　　免疫系统主要由淋巴细胞组成，包括T淋巴细胞（又叫胸腺淋巴细胞）和B淋巴细胞（又叫骨髓淋巴细胞）两种。当抗原（比如细菌、病毒）侵入

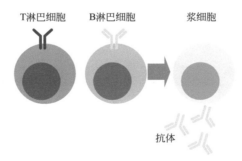

T淋巴细胞协助B淋巴细胞分化为产生抗体的浆细胞

（译自：Keene CD et al.Apolipoprotein E isoforms and regulation of the innate immune response in brain of patients with Alzheimer's disease.Current Opinion in Neurobiology，2011，21（6）：920–928）

高等生物体内后，一方面，T淋巴细胞会产生多种淋巴因子排斥抗原，使它们难以立足，另一方面，在T淋巴细胞协助下，B淋巴细胞会分化产生许多浆细胞。每个浆细胞就好比一座兵工厂，可以生产出无数杀伤细菌、病毒或癌细胞的武器，也就是抗体。

抗体的结构与诱导产生抗体的抗原物质结构相对应，能够像螺栓和螺母一样相互结合在一起。当抗体通过结合把抗原包裹起来后，抗原的行动就受到了束缚，无法在体内随意"肇事"。最终，吞噬细胞会把被围困的抗原吞噬、消化掉，遭受入侵的生物体也就平安无事了。

新生儿能够通过吸吮母亲的乳汁获得抗体，从而不容易染上疾病；儿童可以通过接种疫苗获得抗体，产生对一些疾病的免疫力。当天花这种烈性传染病还没有绝迹的时候，人们小时候都要接种一种称作牛痘的疫苗。牛痘本来是牛患的一种病，由于与人类的天花症状相似，人们就提取牛痘病毒进行减毒后制成活疫苗。当把减毒的牛痘病毒也就是抗原给人体接种后，人体免疫系统立刻行动起来，会产生对付牛痘病毒的抗体。有朝一日，当天花病毒真的入侵时，B淋巴细胞会更迅速地产生这种抗体，将入侵的病毒团团围住，并等待吞噬细胞来吞噬和消化，使人免受天花之苦。

正是由于抗体可以与侵入生物体内的致病微生物相结合，在临床上可以用来治病。最开始的时候，人们往往把抗原提取出来，注射到动物体内，使其产生抗体，然后从其血清中提取需要的抗体。用这种方法制备的抗体数量极其有限，限制了在临床上的应用。而且，从血清中费了九牛二虎之力提取出来的抗体，实际上是多种抗体的复合物。人们称这种复合物为多克隆抗体。它可以对付多种外来病原体的入侵，但多种病原体同时入侵生物体的情况相当稀少。这样，在实际应用中，多克隆抗体显得既浪费，又低效。

科学家想，要是能把制造某种抗体的单个淋巴细胞进行克隆，制成针对某种病原微生物的单克隆抗体，就一定能成为对付某些疾病的有力武器。还好，分离产生单克隆抗体的B淋巴细胞并不困难，但问题在于，由B淋巴细胞衍生出来的一些细胞全都短命，增殖几代以后就"寿终正寝"了。这样无法得到足够的单克隆抗体，也就没有实际应用价值。有没有办法使B淋巴细胞"长生不老"呢？

科学家注意到，体外培养的肿瘤细胞几乎不受任何限制，可以无限地繁殖下去。于是有人想，可以把肿瘤细胞分离出来，注射到另外的动物体内，使其产生抗体，再加以分离，可能会获得单克隆抗体。但遗憾的是，这项有意义的探索最终没有获得理想的结果，制得的抗体既不能与抗原发生反应，也没有任何专一性。实验以失败告终。

科学家们并没有放弃探索。不久，有人在实验中观察到，一些不同种类的动物细胞可以互相融合，这大大开启了科学家们的思路。既然B淋巴细胞能够产生抗体，肿瘤细胞可以无限增殖，假如把两种细胞融合在一起，不就有可能获得既能产生抗体又能无限增殖的具有新功能的细胞了吗？这一设想为最终解决单克隆抗体的生产问题铺平了道路。

1975年，也就是DNA重组技术宣告成功后仅两年，生物技术又获得了一项关键性突破。在英国剑桥大学分子生物学实验室工作的科学家G.Köhler和Milstein，成功地把分泌单一抗体的一种B淋巴细胞与能够无限增殖的骨髓瘤细胞融合在一起，人为地制造出一种杂种细胞，并实现了克隆。这种杂种瘤细胞承袭了两种亲代细胞的遗传特性，既保存了骨髓瘤细胞在体外迅速增殖传代的能力，又继承了B淋巴细胞合成与分泌抗体的能力，可以用来大量生产单克隆抗体。由于这一发明，G.Köhler和Milstein荣获了1984年的诺贝尔生理学与医学奖。

杂交瘤细胞是这样获得的：首先对小鼠进行免疫，即注入某种抗原物质，接着从小鼠的淋巴器官脾脏中分离出脾细胞，与骨髓瘤细胞进行融合，然后选择出能够产生需要的单克隆抗体的杂交瘤细胞。

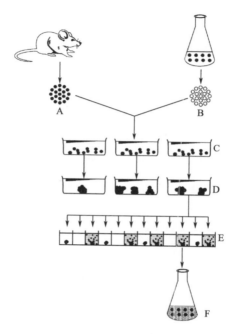

单克隆抗体制备流程

A—B 淋巴细胞；B—骨髓瘤细胞；C—融合后细胞在多孔培养板中生长；
D—杂交瘤细胞生长而其他细胞死亡；E—检查培养液中特异抗体并
克隆分泌特异抗体的阳性细胞；F—大量制备单克隆抗体

由于杂交瘤细胞是准四倍体细胞（细胞中的染色体数是一般动物体细胞的二倍），遗传性质不稳定，随着每次细胞分裂，可能丢失个别或部分染色体，直到细胞呈现稳定状态为止。

当获得足够数量的稳定单克隆杂交瘤细胞后，将它们注射进哺乳动物小鼠的腹腔，饲养到一定程度，便可收集这些细胞，用于大量制备单克隆抗体。这种生产方法当然比较原始，近年来出现了更现代化的生产方法。把单克隆杂交瘤细胞转移到培养瓶或大型细胞培养罐中进行扩大培养，再收集细胞培养液，用来大量制备单克隆抗体。

2.____单抗繁多　应用广阔

单克隆抗体的出现，虽然仅有短短几十年的时间，但是发展速度极快，给医药业带来了巨大变化。据不完全统计，在美国仅应用于免疫检测的单克隆抗体就已经占诊断检测项目的30%，2000年利润达到100亿美元。2010年全球治疗用单抗药物的销售总额达到440亿美元，如果加上100多亿美元的单抗诊断和研究试剂，单抗药物的市场总量达到550亿美元。2015年单抗药物的市场总量已经达到1万亿美元左右。未来，全球单克隆抗体药依旧会保持较高的增长率。

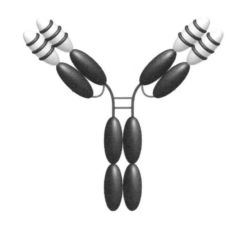

单克隆抗体分子模型

（引自：Panowski S.Site-specific antibody drug conjugates for cancer therapy.MABs, 2014, 6(1): 34–45）

有的科学家说，单克隆抗体是最先商品化的高技术药品，用单克隆抗体代替传统的临床诊断方法，大大加快了临床诊断速度。通过病原性抗原（比如，致病性病毒、细菌及癌细胞表面的抗原）与抗体之间的特异性反应，可迅速确诊人是否患了某种疾病。过去采用的抗血清是多种抗体的混合物，只能作为诊病的辅助方法，要确诊某种疾病，仍需要进行复杂的化验，既费时费力，还往往因诊断不及时而延误了治疗。

自从有了针对某种单一抗原的单克隆抗体诊断试剂，在很短的时间内就可以使很多疾病得以确诊了，不仅可用于病毒性疾病、细菌性疾病、性病、寄生虫病、肿瘤等疾病的诊断，而且可用于免疫缺陷症诊断、早孕检测、妇女内分泌疾病、绒癌和葡萄胎、心血管疾病的诊断。

近年来，利用单克隆抗体技术制作高灵敏度的诊断试剂的技术已日臻成熟，产品已不断被简化，出现了可携带的单抗诊断药盒。英美市场上已出现多种。中国也已生产出诊断灵敏度高的乙型肝炎单抗诊断药盒，并在市场上出售。除此之外，还有结肠癌单抗诊断药盒、胰腺癌单抗诊断药盒等十几种产品正在试验中或已投入批量生产。

近年来，一系列单克隆抗体生殖健康诊断试纸在云南陆续投放市场，这标志着中国的单克隆抗体技术已开始走向成熟，并进入实际应用阶段。

在云南大学，以马岚博士为首的科技人员在单克隆抗体技术方面经过10年的研究开发，利用中空纤维反应器技术、抗体纯化技术、免疫层析胶体金显色技术、试纸膜材纸材筛选搭配技术等成功地突破了多个技术"瓶颈"，已掌握了从单克隆抗体规模化生产到自主开发生产单克隆抗体快速诊断试纸的全套技术，在国内单克隆抗体规模生产和应用方面取得重大进展。云南已具备了年产单克隆抗体20克和日产试纸8万条的能力。

在帮助器官移植方面，单克隆抗体也有不俗表现。据统计，肾功能衰竭在中国的年发病率为每百万人50～100。据中科院院士黎磊石介绍，肾功能衰竭的传统治疗法为透析，但透析患者仍存在着心血管并发症高发、适应性差和经济负担重等问题。他说，同种异体肾移植是治疗晚期肾功能衰竭最有效的方法，但会产生免疫排斥反应。

瑞士罗氏公司研制的人源性单克隆抗体"赛尼哌"给肾移植后急性排斥反应患者带来了新希望。科学家介绍，赛尼哌是世界上第一个用于肾功能衰竭患者移植后预防急性排斥反应的单克隆抗体，也是世界上第一个特异性作用于白细胞介素2（细胞分泌的一种淋巴因子，可以调节免疫系统功能）受体的人源化单克隆抗体，还是第一个获得美国食品与药品管理局批准应用于临床的人源化单克隆抗体。

赛尼哌的作用机理是，通过阻断白细胞介素2与其受体的结合，来抑制白细胞介素2介导的淋巴细胞激活和增殖，从而抑制移植器官免疫排斥反应中的细胞免疫反应。国际临床资料表明，若在原有免疫抑制方案中加入赛尼哌，急性排斥的发生率可进一步降低40％，同时患者一年的死亡危险性降低了70％，移植肾一年后丧失功能的危险性降低了36％，而且不增加诸如感染和淋巴瘤的发病率等副反应。中国临床实验表明，标准三联免疫抑制方案中加入赛尼哌后，急性排斥反应的发生率仅为2.6％，且不增加感染等严重不良反应。

单克隆抗体除用于检测与诊断外，还可作为药物用于疾病治疗，主要是癌症的治疗，如结直肠癌、淋巴癌、乳腺癌、卵巢癌、肺癌、黑色素瘤、白血病、前列腺癌、胰腺癌等，也有治疗类风湿性关节炎、Ⅰ型糖尿病的单克隆抗体。单克隆抗体还可与各种毒素（如白喉外毒素、蓖麻毒素）、放射性元素或药物（如氨基蝶呤、阿霉素等）进行化学偶联制备成靶向性药物用于肿瘤的治疗，提高药物对肿瘤的疗效，减轻药物的毒副作用。2013年，全球排名前10位的畅销生物制品中，抗体药物占据5席。抗体药物市场销售额增长势头不减，世界各国纷纷投入巨资开发，全球医药巨头（如罗氏、诺华、辉瑞等）更是不惜重金开发抗体药物。截至2014年底，国家食品药品监督管理总局共批准9个自主或合作研发的单克隆抗体药物，主要涉及抗肿瘤、抗排异、自体免疫疾病等领域，还有部分药物处于临床研究阶段。

单克隆抗体不仅用于医学，在农业上也大有用武之地。近年来，出现了几十种用于家畜疾病诊断和治疗的单克隆抗体试剂，这些家畜疾病包括马的传染性贫血病、牛的白血病、口蹄疫、猪瘟、猪气喘病等。

也许给动物治病并不新鲜，更为有趣的是，单克隆抗体还能给植物诊断和治疗疾病。其实道理很简单，因为植物跟动物一样，许多疾病都是由致病的微生物引起的，这些微生物包括细菌、病毒等。单克隆抗体可以准确诊断病毒的株系和细菌的生理小种，还可以制成针对某种致病病毒或细菌的单克隆抗体试剂。这样就可以通过从病灶上取其病原微生物进行快速鉴定，以找出病因。市场上已有不少农作物病害的单克隆抗体诊断试剂问世，如马铃薯病毒（X、Y）、烟草花叶病毒、苹果花叶病毒、柑橘溃疡病毒、青枯病菌等的诊断试剂。

单克隆抗体还可应用于基础研究、工业、环境保护与食品检测、蛋白质提纯以及生物导弹抗癌等众多领域。

3.＿＿生物导弹　消灭肿瘤

一提到导弹，人们就会自然联想到，这是一些具有钢铁之身和杀伤力巨大的"家伙"，按理说不应该和肿瘤有什么瓜葛。其实，这里所说的生物导弹与军事上的导弹有很大区别。

军事上的导弹是由火箭发展来的，是一种长了眼睛的武器运载工具，能够准确击中事先被选中的目标。生物导弹又是怎么回事呢？

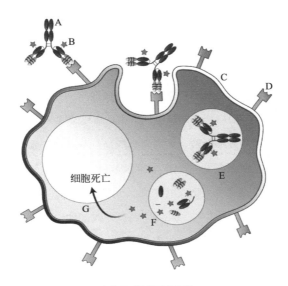

生物导弹消灭癌细胞

（引自：Panowski S.Site-specific antibody drug conjugates for cancer therapy.MABs, 2014, 6(1): 34—45）

A—"Y"形的抗体分子；B—与抗体分子相连的抗癌药物；C—癌细胞；D—癌细胞表面的抗原分子；E—抗体 - 药物复合体经过一系列复杂步骤被癌细胞内的溶酶体俘获；F—抗体 - 药物复合体被溶酶体内的水解酶水解并释放出抗癌药物；G—抗癌药物杀死癌细胞

我们知道，肿瘤的传统治疗手法主要有外科手术、放射治疗、化学治疗等，然而这些手段大多不能区分正常细胞和肿瘤细胞，也就无法选择性地破坏肿瘤细胞。一些能够高效消灭肿瘤细胞的化学药物或治疗手段，往往是"杀敌三千，自伤八百"，有可能会置患者于死地，即使是中等剂量的治疗有时也会产生强烈的副作用。现代免疫学研究发现，某些单克隆抗体可以识别肿瘤细胞表面的抗原，并与之牢牢结合。在这一点上和军事上使用的导弹有相似之处。科学家利用单克隆抗体的这一特性，让它和抗肿瘤药物结合，就能把毒性很强的抗肿瘤药物运输到肿瘤部位，杀伤肿瘤细胞，而不伤害正常细胞。这种单克隆抗体和抗肿瘤药物的结合物就是生物导弹。

生物导弹一旦进入人体，可以从众多的目标中捕捉到自己的攻击对象，然后循着既定的路线杀向敌人的老巢——癌症病灶。军事上的导弹虽具有一定杀伤力，但往往因为威力不足而不能彻底摧毁目标，需要带上具有强大杀伤力的弹头，比如化学弹头、核弹头。生物导弹也是这样。

像癌细胞这样繁殖极快的顽固分子，普通抗癌药物与单克隆抗体结合后，很难把它置于死地。要想杀死肿瘤细胞，必须采用大剂量。不过这样一来，未免会产生副作用，对健康细胞造成威胁。另一方面，科学家发现，肿瘤细胞表面的抗原数目实在有限，能够与之结合的单克隆抗体数量不多，这也妨碍了使用大剂量的抗癌药物。因此，在利用生物导弹治肿瘤时，选择合适的"弹头"十分重要。

在实践中，科学家想到了利用一些高毒性的天然物质取代抗癌药物来制作生物导弹"弹头"，比如细菌毒素、蓖麻毒素等。它们与单克隆抗体的结合物又叫免疫毒素。由于极微量的免疫分子甚至一个分子就能杀死一个肿瘤细胞。这样，生物导弹释放后，能够彻底摧毁癌细胞老巢。

尽管从理论上讲，单克隆抗体完全可以用于癌症治疗，然而在临床实际应用时有一定困难，所以用生物导弹治肿瘤或癌症，近年来一直进展缓慢。不过，值得庆幸的是，在这方面国内外已经有了一些成功例子。1986年，世界上首个单克隆抗体药物——抗CD3单克隆抗体OKT3，用于治疗肾移植后的排斥反应，获得美国食品药品管理局批准上市，由此拉开了单克隆抗体药物治疗疾病的序幕。1990年，美国加州戴维斯大学医院的德纳多博士，使用单克隆抗体，把6位已发生扩散的晚期乳腺癌患者的肿瘤缩小了50%～75%。这6位患者的癌症已侵犯胸壁或转移至骨或淋巴结。从实验中得到的单克隆抗体可抗击各种癌细胞，它携带能杀死癌细胞的化学物质，有针对性地杀死癌细胞，然后排出体外而不伤害健康组织。德纳多用放射性碘与单克隆抗体结合杀灭肿瘤细胞。这种药物通过体内代谢，能有针对性地攻击骨、胸壁、肝、淋巴结和腹部等处的转移肿瘤细胞。在研究中科学家们发现：如果患者接受最低剂量，能使肿瘤缩小50%；如果接受最高剂量，则肿瘤可缩小75%。2002年，美国食品药品管理局批准首个全人源单克隆抗体"阿达木单抗注射液"。这是一种在中国仓鼠卵巢细胞中表达的重组全人源化肿瘤坏死因子α单克隆抗体，用于治疗类风湿关节炎和强直性脊柱炎。截至2013年，经美国食品药品管理局批准上市的单克隆抗体药物一共有46种，进入临床试验阶段的单克隆抗体220多种，治疗范围涵盖肿瘤、自体免疫疾病、治疗器官移植排斥反应、抗感染、止血、呼吸道疾病等，其中又以肿瘤和自体免疫疾病药物市场最大，种类最多。在国内，截至2014年底，国家食品药品监督管理总局批准了注射用抗人T细胞CD3鼠单抗、恩博克、益赛普、唯美生、利卡汀、强克、泰欣生、健尼哌、朗沐等抗体药物，其中唯美生用于治疗肝癌、利卡汀用于治疗原发性肝癌、泰欣生用于治疗鼻咽癌。

美国约翰·霍普金斯医学院的一名医生，把放射性碘与单克隆抗体相结合，注射到晚期肺癌患者体内，获得了很好的治疗效果。

生物导弹还有其他一些用途，如果在弹头上安装其他化学物质，比如生化试剂、反应剂等，不仅可用来诊断诸如血清组分、细菌、病毒、寄生虫等引起的疾病，还可用来检测、分离、提纯包括干扰素、膜蛋白和细胞内通过其他常规方法难以提纯的种种微量成分，从而为科研和医疗服务。

4.＿＿土豆番茄　植物新种

几十年前，曾经有一个时期，国内多家学术刊物译载一则国外的科学新闻，描述前联邦德国科学家用细胞融合方法，成功培育了一种动物细胞和植物细胞杂种"牛肉番茄"。新闻说，牛肉番茄的杂种果实是一种盘状体，这种番茄兼有牛肉味和番茄味，营养也较全面，因为它的果肉里含有动物蛋白质，动物蛋白和植物蛋白各占一半。这是多么美好的果实！

土豆番茄是自然界没有的超级作物

这则科学新闻最初于1983年3月31日刊登在国外一家颇有名气的杂志上。众所周知，每年的4月1日是西方传统的"愚人节"，在这一天，按照习惯，人们可以随便撒谎、开玩笑而不负任何责任，因而新闻的真实性在当时受到了怀疑。我们暂且不管这则新闻是否真实，仅就其中包含的科学道理而言，十分新颖：不同物种的细胞可以相互杂交，从而诞生自然界不曾有的新物种。

这个原理在不同的植物细胞之间早已可以实现了。在日常生活中，我们的饭桌上时常会摆上番茄和土豆。我们也知道，番茄和土豆彼此的形状相差很大，一个在地上开花、结近似圆形的番茄（西红柿），一个在地下长块状的马铃薯（土豆）。曾几何时，在它们之间却发生了一个奇迹。

1978年，德国和丹麦的科学家，将番茄和土豆的体细胞融合在一起，形成了杂种细胞，然后设法将它们培育成了完整植株，结果诞生了一种兼具两种作物遗传特性的、在自然界绝无仅有的新型杂种植物"土豆番茄"。枝头上开花、结出鲜红的番茄，地下块茎却是土豆。

土豆番茄这种两层楼作物的问世，在生物界引起了轰动。

据科学家介绍，在自然界中，往往需要经历数万年的变异积累，一个物种才能变成另一个新物种。通过细胞融合方式创造新物种的方式，则大大加快了物种进化的历程，丰富了自然界的物种宝库。两种亲缘关系相差较大的植物物种之间，在自然情况下几乎不可能通过有性杂交方式形成新物种，这种现象生物学上称为生殖隔离。它是生物在长期进化过程中产生的，有助于维护物种的相对稳定性。通过细胞融合方式，可以打破这种生殖隔离，从而创造变异幅度相对较大的新物种。

1972年，美国人用粉蓝烟草和郎氏烟草的叶肉原生质体融合，得到了种间体细胞杂交植株，其形状与有性杂交产生的后代几乎没有什么两样。经多次重复实验，证明实验结果没有问题，从而在生物界引起了一场震动。此后许多科学家将研究转移到了远缘植物之间杂交育种上来。

通过植物体细胞融合，培育杂种植株的大致过程是：首先选择两种亲本植物，取其细胞分离出原生质体，再在融合诱导剂作用下，使两种原生质体融合，然后筛选并培养杂种细胞，再生新的细胞壁，进行分裂分化产生愈伤组织，形成体细胞杂种植株。当然，以育种为目的的细胞融合，还要对获得的杂种植株进行反复观察筛选。

如今，通过体细胞杂交技术获得的植物新种已经越来越多。继1978年德国和丹麦科学家成功培育土豆番茄后，1982年美国先锋遗传科学公司的科学家也培育出了土豆番茄杂种植株，其外观像土豆植株，却具备了番茄抗枯萎病的优良品质。后来，美国加州科学家也采用细胞融合方法，培育出了抗三氯杂苯的烟草。1986年，日本科学家用红甘蓝和白菜细胞融合，培育成了一种形似白菜味道近于甘蓝的新型蔬菜"生物白蓝"，它属于种间体细胞杂交产物，生物白蓝具有生长期短、耐热性强、易于贮存等优点，受到了人们的普遍欢迎。日本北海道大学农学系已将大豆的蛋白质基因转移到水稻种子中去，培育出"大豆米"。这种大豆米饭，既有大豆的营养，又有大米填饱肚皮的作用。这种新研制成功的营养米新品种，比现在食用的大米营养成分更丰富。2011年，江力等报道茶树菇与鸡腿菇原生质体制备、融合及再生。2012年，王继安等报道通过原生质体不对称融合技术，既可保持大豆的有利基因，又可引入其他作物和植物的部分有利性状，从而育成优良的大豆新品种。2013年，苏集华等报道利用聚乙二醇诱导小麦和山羊草原生质体融合，建立高效的异源融合体形成技术体系，为小麦抗病育种提供中间材料。2015年，褚洁洁等报道利用双亲灭活原生质体融合技术选育出一种高效发酵啤酒酵母菌株，发酵速度较融合亲本提高了108%，双乙酰含量降低了60.7%。同年，王迪等报道以生产DHA的裂殖壶菌B4D1和黑曲霉CGMCC 3.316为出发菌株，利用原生质体融合技术选育可以利用淀粉发酵生产脑黄金（DHA，二十二碳六烯酸）的新型裂殖壶菌。2016年，侯孝仑等报道通过原生质体融合技术提高茂原链霉菌的谷氨酰胺转氨酶产量。

其他通过体细胞融合技术培育出的有"烟草大豆""蚕豆矮牵牛""甘蔗高粱""胡萝卜羊角芹""普通烟草黄花烟草""蘑菇白菜""拟南芥油菜""烟草矮牵牛""烟草天仙子""海带裙带菜"等远缘杂种新植物。其中，"普通烟草黄花烟草""烟草矮牵牛""烟草天仙子""海带裙带菜"等是中国科学家首先培育出来的。

尽管像土豆番茄这样的远缘杂种植物还存在一些问题（比如：与动物中马和驴交配后产生的骡不能生育一样，由于花粉严重不育，不能生儿育女；当光照不足时，会导致土豆和番茄长得都不够大），在农业上尚无法推广，但它毕竟是一个令世人赞叹不已的地球上绝无仅有的新型植物。从它身上，人们看到了人类创造新生命的巨大潜力。

随着科学发展，土豆番茄的大规模繁殖会最终解决，比如，利用植物体细胞克隆技术工厂化快速生产试管苗，也许是一条途径。

5.___ 肿瘤疫苗　攻克癌症

癌症是众所周知的危害人类健康的大敌，不少人谈癌色变。传统上，癌症的治疗手段有手术、化疗、放疗等，肿瘤疫苗的出现，无疑为人类战胜癌魔增添了新武器。

生物学家发现，肿瘤细胞要能被机体免疫系统识别和杀伤，除必须有效地提供抗原外（细胞表面的一种蛋白质），还必须提供刺激信号。肿瘤细胞可以通过减少表面抗原分子的数量而逃避人体免疫系统的封杀。由于目前得到明确鉴定的肿瘤抗原很少，利用单一基因转染产生抗原又费时费力，效率很低，致使肿瘤疫苗的研制十分困难。

人体内免疫系统在受到抗原刺激后，会产生树突状细胞，通过树突状细胞执行免疫功能，因而树突状细胞是人体内特定的免疫哨兵。20世纪90年代初，科研人员在观察免疫系统攻击癌细胞时，发明了一种在实验室里培育树突状细胞的新技术。他们把免疫细胞置于肿瘤抗原中，创造了第一批树突状细胞疫苗。初步实验表明，患有淋巴癌、恶性黑色素瘤和前列腺癌的患者，在接种了预先经过某种已知肿瘤抗原处理过的树突状细胞后，都表现出了强烈的抗癌免疫反应。这是令人兴奋的。

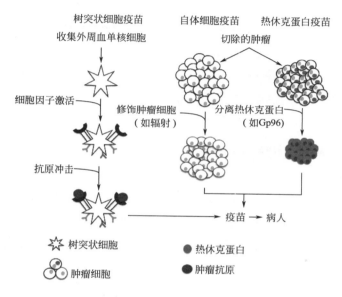

不同肿瘤疫苗的制备策略（见文后彩图）

（译自：Jackson C, et al. Challenges in immunotherapy presented by the glioblastoma multiforme microenvironment.Clinical and Development Immunology, 2011, 2011: 732413）

2000年初，德国哥廷根大学的亚历山大·库格勒及其同事在肿瘤疫苗研究方面取得了重大突破。他们利用微弱的电脉冲，把人体肿瘤细胞和免疫细胞融合，合成了能够抗癌的特殊疫苗。对17位癌细胞已经扩散的肾癌患者注射这种肿瘤疫苗后，惊喜地发现有7名患者出现了肿瘤免疫反应。在通常情况下，使用传统方法治疗这种肾癌患者，只能保证10%的存活率。这无疑给患者带来了新希望。

库格勒还研制了一种黑色素瘤融合疫苗。临床实验表明，大约有40%的患者产生了肿瘤免疫反应，这与肾癌疫苗的反应比例相近。

另一位致力于肿瘤疫苗研究的科学家库夫认为，对于肿瘤疫苗的研究，科研人员最关心的是，它能否激发人体免疫系统攻击健康的组织。值得庆幸的是，到目前为止，无论是接受融合癌症疫苗的动物试验，还是人体试验，都没有发现任何自行免疫的不良反应。此外，德国柏林洪堡大学夏瑞特医院分别制备了黑色素瘤和肾癌的融合瘤苗，临床实验证实抗肿瘤效果明显，并且未见明显的不良反应。这说明，肿瘤疫苗用于癌症治疗时，不仅疗效稳定，而且对患者是安全的。

库夫率领的科研组早就希望研制出具有个体特征的肿瘤疫苗，这种疫苗无需找出具体的癌细胞抗原。1997年，他们把树突状细胞和癌细胞融合在一起。同时在理论上推测，融合后的树突状细胞将使人体能对多种肿瘤抗原产生反应，其中包括尚未发现和分离出来的肿瘤细胞抗原。库夫已开始对乳腺癌患者进行杂交细胞疫苗的接种试验。库夫预测，科学家们将寻求方法，使更多癌症患者通过疫苗产生抗癌反应。他说："有不少研究方案可以使这种方法更具威力。"

库夫的动物试验获得成功后，库格勒立刻率领科研组对肾癌患者进行了类似的疫苗接种，因为当时还没有分离出肾癌细胞抗原。他们把健康人的树突状细胞和肿瘤细胞互相融合，希望这种杂交体比由患者自身树突状细胞合成的纯体更能调动免疫系统的积极性。与此同时，为防止细胞生长失控、产生新的肿瘤威胁，科学家们对杂交细胞进行了放射线照射处理，然后才放心地接种入人体。库格勒率领的科研组，计划对肾癌疫苗与标准化疗和刺激免疫化学药品（如干扰素）的治疗标准进行直接比较。

在中国，肿瘤疫苗是重点发展的生物制品新药，同时在肿瘤疫苗研制方面居世界先进水平。上海第二军医大学发明了一种利用肿瘤细胞与抗原递呈细胞融合制备肿瘤疫苗的新技术。他们把肝癌细胞和具有很强抗原递呈能力的激活B淋巴细胞融合，制备了一种新型肿瘤疫苗。该融合瘤苗制备工艺简单，除表达肿瘤细胞原有的多种抗原外，还表达MHC-Ⅰ、MHC-Ⅱ、B7、LFA-1等多种抗原递呈相关分子和共刺激分子，能够产生有效的抗肿瘤免疫。临床试验表明，其安全性能够达到国家标准。这一成果在著名杂志《科学》发表后，立即引起了国际肿瘤学界的关注。

第四章

喜忧参半的动物克隆热潮

1.＿ 绵羊多莉　动物明星

在中国经典神话故事《西游记》中，往往到了紧急关头，手拿金箍棒能七十二变的孙悟空，会从自己身上拔下几根毫毛，然后轻轻一吹，变出许多个孙悟空来。虽然是神话，但随着科技发展，从理论上说也可以实现了。

因为猴子的毛发是由皮肤演化来的，由细胞组成，每个细胞里都含有发育成整个猴子的全部遗传信息。只是当初在胚胎发育过程中，在发育成毛发的细胞里，由于各种因素对基因活动的影响，只有与毛发发育有关的基因合成蛋白质，而其他基因处于关闭状态。假如设法把这些关闭的基因激活，毛发细胞也会像受精卵细胞一样，可以发育成完整的动物个体。其道理就像从植物叶子上取出一个细胞，经过适当培养后可以长成和原来遗传性完全相同的植株。然而过去很长一段时期，生物界曾经普遍认为，动物细胞一旦出现分化（即发育成特定功能细胞、长成组织或器官）后，全能性就会逐渐丧失。由于这种传统观念束缚，绝大多数科学家曾经不敢冒险闯动物克隆这个"科学禁区"。

直到1996年7月，在英国北部著名的文化古城、苏格兰首府爱丁堡，PPL生物技术公司所属罗斯林研究所的著名生物学家伊恩·威尔穆特（Ian Wilmut），首次在世界上利用成年动物的乳腺细胞克隆出了一只咩咩叫的小羊羔。出生后，期盼已久的科学家们像对待自己的亲生孩子一样为它取名"多莉"（Dolly）——美国一位非常有名的歌星的名字。之所以这样取名，科学家们最初大概是希望它能够成为动物明星，没想到果然不负所望。该克隆技术成果一经发表，立刻引起了全球轰动。小羊多莉成了动物史上最为耀眼的明星，惹得全世界的媒体为之发狂。一时间，这只没爹没娘的小羊羔可谓出尽了风头。

Ian Wilmut 与克隆羊多莉

（引自：Philippe Hernigou.Bone transplantation and tissue engineering，
part Ⅳ. Mesenchymal stem cells：history in orthopedic surgery from
Cohnheim and Goujon to the Nobel Prize of Yamanaka.
International Orthopaedics, 2015, 39(4): 807-817）

多莉之所以能够引起世界范围的轰动，一个非常重要的原因是概念上的突破。因为在此之前，无论是在中学的生物书上还是大学的生物书上都是这么说的，已经分化的细胞不可能逆转。即使是研究克隆技术多年的科学家也相信这个理论，在克隆的时候大家都选用胚胎细胞作实验材料。多莉是第一个用成年动物已经分化的乳腺细胞作实验材料克隆成功的，这是在理论上的重大突破。

绵羊多莉克隆成功的文章是1997年2月27日刊出的，就发表在英国出版的世界著名学术期刊《自然》上。它的诞生，证明了在动物体中执行特定功能、具有特定形态的所谓高度分化的细胞与受精卵细胞一样，具有发育成完整个体的潜在能力。也就是说，动物细胞与植物细胞一样，也具有遗传全能性，从而一举打破了传统观念的束缚。这是非常难能可贵的，也使得这项成果在1997年度荣登美国《科学》评出的世界十大科学发现的榜首。

什么是克隆？简单地讲，克隆就是无性繁殖，譬如：在合适的条件下，大肠杆菌20～30分钟就可一分为二；一根柳树枝切成10段，就可能变成10株柳树；土豆切成几块，每块落地就能生根；绿萝的枝蔓剪成几段，每段扦插也能生根……这些繁殖方式都是生物依靠自身一分为二或者自身一小部分来繁衍后代，与高等生物的有性繁殖方式截然不同，是一种无性的繁殖方式。

"克隆"一词的英文为"Clone"，音译为"克隆"，起源于希腊文"Klone"，意思是嫩枝或插条繁殖。根据美国生命伦理顾问委员会解释，"克隆"一词是指分子、细胞、植物、动物或人的精确的遗传复制。欧洲委员会则认为，"克隆"是指生产遗传上相同的生物的一种方法。"克隆"是无性繁殖，又不仅仅是无性繁殖，凡是来自一个共同祖先，经过无性繁殖产生出的一群个体，也叫"克隆"。来自一个共同祖先的无性繁殖的后代群体又叫无性繁殖系，简称无性系。同一克隆内所有成员的遗传构成应该是完全相同的，例外仅仅见于有基因突变发生时。自然界中早已存在天然植物、动物和微生物的克隆，譬如，同卵双胞胎实际上就是一种克隆。只是这种天然的哺乳动物克隆的发生率极低，成员数量太少（一般为两个），且缺乏目的性，所以很少能够被用来为人类造福，于是人们开始探索用人工方法生产高等动物克隆。这样，"克隆"一词就开始被用作动词，指人工培育克隆动物这一动作。

在自然界中，一些动物在正常情况下都是依靠父方产生的精子（雄性细胞）跟母方产生的卵子（雌性细胞）融合（受精）形成受精卵（合子），再从受精卵经过一系列细胞分裂渐渐发育为胚胎，最后形成新的个体，像这种依靠父母双方提供性细胞，经过两性细胞融合后产生下一代的繁殖方式称为有性繁殖。然而，假如我们用外科手术方法将一个胚胎切割成两块、四块、八块、十六块……通过特殊方法使一个胚胎长成两个、四个、八个、十六个……生物体，说白了，这些生物体就是克隆个体。这两个、四个、八个、十六个……个体就叫做无性繁殖系（也叫克隆）。

克隆羊多莉又是怎样诞生的呢？ Ian Wilmut 等科学家首先给苏格兰黑面羊注射一种激素——促性腺激素，促使它排卵，得到卵后立即用极细的吸管从卵细胞中取出细胞核，同时从怀孕三个月的芬多席特6岁母羊的乳腺细胞中也取出细胞核，立即送入取走核的卵细胞中，手术完成后，用相同频率的电脉冲刺激换核卵细胞，让苏格兰黑面羊的卵细胞质与芬多席特母羊乳腺细胞的细胞核相互协调适应，让这个人工"攒起来"的细胞在试管里像受精卵那样进行分裂、发育并最终形成胚胎，再将这个胚胎移植到另一只被选为代理母亲的母羊的子宫里。移植后，胚胎发育顺利，1996年7月，代理母亲产下小绵羊多莉。多莉不是由母羊的卵细胞和公羊的精细胞受精的产物，而是换核卵一步步发育的结果，所以是克隆羊，跟正常公羊母羊交配后生下的羊不同。

多莉羊的克隆过程看似简单，其实操作起来要复杂得多。仅仅为了成功地进行核移植，就重复了277次之多，占移核卵总数的63.8%。在培养这宝贵的移核卵时，大约只有1/10（29个）有活力，能够生长到胚胎发育的桑葚期或囊胚期。当把这29个早期绵羊胚分别移植到13只选为代理母亲的绵羊子宫后，却仅产下一羔"多莉"。可见其成功率是极低的，说明当时克隆实验十分艰难，克隆技术也不够成熟。

采用细胞核移植技术克隆动物的设想，最初是由汉斯·施佩曼在1938年提出的，他称之为"奇异的实验"，即从发育到后期的胚胎（成熟或未成熟的胚胎均可）中取出细胞核，将其移植到一个卵子中。多莉羊的克隆也是采用这一思路。

从1952年起，科学家们首先采用青蛙开展细胞核移植克隆实验，先后获得了蝌蚪和成体蛙。1963年，中国著名科学家童第周教授领导的科研小组，首先以金鱼等为实验材料，研究了鱼类胚胎细胞核移植技术，获得成功。哺乳动物胚胎细胞核移植研究的最初成果在1981年取得——卡尔·伊尔门泽和彼得·霍佩用鼠胚胎细胞培育出发育正常的小鼠。1984年，施特恩·维拉德森用取自羊的未成熟胚胎细胞成功克隆出一只羊，其他人后来利用猪、牛、山羊、兔、猕猴等各种动物对他采用的实验方法进行了重复验证。1989年，维拉德森获得连续移核二代的克隆牛；1994年，尼尔·菲尔斯特用发育到至少有120个细胞的晚期胚胎获得克隆牛；1995年，在主要的哺乳动物中，胚胎细胞核移植都获得成功，包括冷冻和体外生产的胚胎，对胚胎干细胞或成体干细胞的核移植实验，也都进行了尝试。遗憾的是，到1995年为止，成体动物已分化细胞核移植一直未能成功。多莉羊是动物克隆史上里程碑性的先例，所以意义不同寻常。

多年后，当年动物史上上镜率最高的明星多莉当了母亲。继1999年4月13日首次生下母羊羔邦尼后，2000年3月24日又生下两雄一雌三只小羊羔。分娩后，多莉母子生活在英国爱丁堡罗斯林研究所农场一处拥有红外线取暖设备的特殊围栏中。它们健康状况良好，小羊也能够正常吃奶，说明多莉尽管身份特殊，但完全具备当母亲的资格。据资料介绍，多莉新生的3个孩子与其姐姐"邦尼"拥有共同的父亲——一头名为"戴维"的普通威尔士公山羊。之后，多莉又生了3个孩子。

2003年2月，兽医检查发现多莉患有严重的进行性肺病，这种病由于是不治之症，研究人员对它实施了安乐死。据罗斯林研究所透露，在被确诊之前，多莉已经不停地咳嗽了一个星期。多莉的尸体被制成动物标本，存放在苏格兰国家博物馆，作为20世纪科技的象征。

2008年9月，伊恩·威尔穆特教授与多莉羊的共同缔造者坎贝尔博士和发明诱导多能干（iPS）细胞的日本京都大学教授山中伸弥共同获得被誉为"东方诺贝尔奖"的邵逸夫生命科学与医学奖。令人遗憾的是，伊恩·威尔穆特最终错失2012年诺贝尔奖，让很多人感到意外。

克隆羊多莉的诞生，既证明了动物体细胞的遗传全能性，也揭开了人类竞相以体细胞克隆动物尤其是哺乳动物的新篇章，是生物学历史上的一件大事。

2.___ 克隆家族 人丁兴旺

自从克隆羊多莉诞生以后，生物克隆一直十分火爆，致使克隆的动物无论是种类还是数量都越来越多了。1997年3月，即多莉诞生后仅仅几个月，美国、中国台湾和澳大利亚的科学家们陆续发表了克隆猴子、克隆猪和克隆牛成功的消息。但他们都是采用胚胎细胞进行的克隆，其意义自然不能与克隆羊多莉相比。同年7月9日，爱丁堡罗斯林研究所的科学家们又成功培育出克隆绵羊波莉（Polly），再次在全球范围内引起了轰动。与克隆羊多莉不同的是，克隆羊波莉的细胞里携带着一种人类基因，它可以生产价值昂贵的蛋白药物。

据美国出版的权威学术期刊《科学》介绍，波莉绵羊的克隆过程是这样的：首先取出胚胎的一部分成纤维细胞，暴露在含有人类基因和标志基因的DNA溶液里，使外源基因进入到胚胎细胞，再作培养、检测，看看哪些胚胎细胞里有外源基因，然后取含有这种基因的细胞核进行核移植，移植到去掉细胞核的卵细胞里，通过电脉冲使细胞融合，让它发育成胚胎后，接着移植到作为代理母亲的绵羊子宫里，这样生出来的小羊就可能带有外源性基因。

1998年7月，美国夏威夷大学Wakayama等报道，由小鼠卵丘细胞成功克隆了27只小鼠，并且其中7只是克隆小鼠再次克隆的后代。他们采用了与多莉不同的、新的、相对简单的且成功率较高的克隆技术，这一技术以该大学所在地而命名为"檀香山技术"。

胚胎干细胞克隆的小鼠

（引自：Teruhiko Wakayama, et al.Proceedings of the National Academy of Sciences of the United States of America, 1999, 96(26): 14984-14989）

克隆绵羊"多莉"诞生几年后，克隆牛"艾米"（Amy）也呱呱落地了。它的主人是著名美籍华裔科学家杨向中教授。杨向中教授1983年到康奈尔大学动物转基因中心工作后，一直做动物克隆方面的研究，早期是用胚胎技术进行克隆，1997年以后转向了以成年动物体细胞进行的克隆，做出的成绩令人瞩目，被誉为"世界克隆牛之父"。

据报道，克隆牛艾米是1999年6月诞生的。与克隆羊多莉相比，克隆牛艾米在技术上又有了重大突破。在艾米出现之前，科学家们都是用乳腺的上皮细胞、卵巢的颗粒细胞或者是输卵管细胞来进行克隆，这些细胞都是与生殖细胞有关的。克隆牛艾米用的却是与生殖系统没有丝毫关系的牛耳皮肤细胞。这其实也是一种概念的突破，就像克隆绵羊多莉是首次使用成年动物的体细胞来克隆一样。在技术上，克隆牛艾米与克隆绵羊多莉虽是大同小异，但仍有很大的改进，这种改进使克隆的效率大为提高；同时说明，动物身上任何一个细胞都应该含有等同的遗传信息。2002年4月16日，克隆牛"艾米"产下一头重约47千克的健康公牛犊，命名为"烦男·李"（Finally 的音译，意为最终降生的意思）。

生物克隆实际上并非新课题，从1905年起就一直有人在做，这期间发展曲折，几经反复，终于在克隆出多莉羊后才引起了全世界关注。其实，克隆牛艾米也不是杨向中教授第一件克隆作品，在此之前，他曾与日本同行合作，成功克隆了多头牛犊。

据报道，神高福是日本一头非常著名的公牛，当时神高福已是17岁的老牛（相当于80～90岁的老人）。早在1997年12月，杨向中教授和他的日本籍博士研究生洼田力取下一些神高福的耳皮细胞，在体外培养若干代后，进行细胞核移植实验。到了1998年12月，他们终于用培养2个月的神高福的耳皮细胞克隆出4头小牛犊，其中有2头存活下来。1999年2月，他们又用培养3个月的细胞，克隆出两头小牛犊，均健康地存活下来。这四头健在的小公牛分别被命名为神高福一郎、二郎、三郎、四郎，它们的英文名分别是Tommy、Andy、Timothy和Anthony（来自TATA，这是DNA的转录启动信号）。按照出生日期算，这一批克隆公牛可能是世界上最早克隆成功的雄性动物了。

杨向中教授和其他人共同发表的论文刊登在2000年1月4日出版的《美国科学院文集》里，他们的研究成果被认为是生物克隆研究的一项重大突破。

此后美国、法国、荷兰和韩国等国科学家也相继利用体细胞成功克隆了牛。至1999年底，全世界已有6种类型细胞——胎儿成纤维细胞、乳腺细胞、卵丘细胞、输卵管/子宫上皮细胞、肌肉细胞和耳部皮肤细胞的体细胞克隆后代成功诞生。

在不同种间进行的细胞核移植实验也取得了一些可喜成绩，1998年1月，美国科学家们以牛的卵子为受体，成功克隆出猪、牛、羊、鼠和猕猴五种哺乳动物的胚胎，这一研究结果表明，某个物种的未受精卵可同来自多种动物的成熟细胞核相结合。虽然这些胚胎都流产了，但它对异种克隆的可能性做了有益的尝试。1999年，美国科学家用牛卵子克隆出珍稀动物盘羊的胚胎；中国科学家也用兔卵子克隆了濒危动物大熊猫的早期胚胎，这些成果有可能成为保护和拯救濒危野生动物的新途径。

用于器官移植的克隆猪也姗姗来到了世上。2000年3月14日，英国PPL生物技术公司宣布，成功克隆了5头小猪，与以往不同的是，这次克隆前科学家们对猪的基因进行了修改，因此这些克隆猪的器官可用于人体移植，在医学上具有重要意义。由于猪是多产动物，它的体内必须有数个存活的胚胎才能维持正常妊娠，而羊和牛就不一样了，仅有一胎就行，所以克隆猪比克隆羊和克隆牛面临的难度更大。本来超声波扫描时仅发现了4枚胚胎，出生时却是5头小猪，无疑是一份意外的惊喜。随后，PPL生物技术公司对克隆猪进行了临床医学试验。

2000年10月，在日本也诞生了一头克隆小猪，名叫"森那"。日本科研人员利用类似于细针般的小管，以微注射手法，把经过特殊处理的多达100多个黑猪的胚胎移植到了4只母猪体内，最后，只有"森那"成活，真可谓百里挑一。微注射技术可精确地选择转移哪些基因物质，甚至可以把某些染色体分隔开来，并避免实验用品被克隆对象的细胞核或基因物质所污染。

2000年12月，早已鼎鼎有名的爱丁堡罗斯林研究所与美国生物技术公司（Viragen）合作，历时两年多，克隆出了一种改造了基因的特别的鸡，并给其中一只取名"布利特尼"（Britney）。这种克隆鸡可用来生产抗癌药物。据英国《星期天邮报》介绍，只需改变母鸡体内一个细胞核里的基因，母鸡产下的蛋便会含有大量特定的蛋白质。研究人员就是通过修改单一细胞核里的基因物质，培育出这种改造了基因的母鸡的。母鸡产下的蛋中含有很多研究人员所需要的蛋白质。每一只克隆鸡一年可产下250个蛋，每只蛋最少含100毫克能用作制造抗癌药的蛋白质，并且很容易提炼出来。这种蛋白质只能在实验室内生产，就算只是小量生产，也非常困难，且成本很高。这阻碍了治疗各种疾病包括乳腺癌和卵巢癌的新药的发展。这种来自克隆鸡的新一代抗癌药，临床应用前景广阔。

与此同时，牛的克隆也正向着实用化方向迈进。2000年7月，新华社报道日本石川县畜产综合中心一头雌性体细胞克隆牛产下一头小牛，这再次证明体细胞克隆牛具有正常的生育能力。据石川县农林水产部门提供的资料说，这头小牛是雌性，由县畜产综合中心的体细胞克隆牛"加贺2号"以自然分娩形式生出，体重为26.5千克，体长53厘米，出生10分钟后即站立起来，然后自己去吃母乳。石川县畜产综合中心是世界上第一个采用体细胞克隆技术克隆牛的农业科研机构。"加贺2号"是该中心的第二头体细胞克隆牛，诞生于1998年8月8日。1999年9月30日该中心科研人员使用一般种牛（黑毛日本牛）的冷冻精液，通过人工授精方式使它妊娠。在预定分娩日产下了可爱的小牛犊。该中心负责人称，雌性克隆牛产仔，这在世界上还是首例。这表明，雌性体细胞克隆牛具有正常的生育能力。另外，2000年1月下旬，鹿儿岛县食用牛改良研究所使用体细胞克隆牛的体细胞（耳细胞）克隆出下一代，即所谓的"再克隆牛"。说明，牛的克隆技术已日臻成熟。

灵长类动物也在克隆动物的大家族中出现。2000年1月14日出版的美国《科学》期刊报道，美国科学家成功利用无性繁殖技术克隆出一只小猴。这一消息一经发布，立刻引起了社会各界和科学界的极大关注。据美国有线新闻电视透露，一组科学家在几年前就开始研究克隆技术，并在一年多前策划克隆猴子。结果在屡屡失败之后，他们终于获得了成功。他们将这只克隆的猴子取名为"泰特拉"（Tetra），是一只雌性恒河短尾猴。

克隆猴泰特拉是在美国比弗顿的俄勒冈地区灵长类动物研究中心沙顿实验室诞生的，科学家们还向媒体提供了一张其4个月大时的照片。据介绍，该实验室采用了一种新型克隆方法，即胚胎分割法。当胚胎细胞分裂至8细胞时，将其分割成4个部分，然后分别培养，最终培育出4个完全相同的新个体。

由于猴子属于灵长目，也是最接近人类的动物，这一研究成果意味着克隆技术的一大进步，实际上标志着，克隆人类并没有技术性障碍。

在全球风风火火的克隆大潮中，中国科学家也不甘寂寞，克隆出了一批又一批动物。

2000年11月15日，中、法两国的科研人员共同精心培育了一头体细胞克隆牛，采用了中国科学家发明的注射移核技术，是世界上第一头利用成年母牛的耳部细胞以及和克隆羊多莉的技术不同的体细胞克隆牛。小牛为雌性，出生体重为51千克，各项健康指标正常。参与研究的中国科学院发育生物学研究所周琪教授介绍，用注射移核的办法，而不是克隆多莉羊的电融合方法可以将导入外源遗传物质的过程由两步简化为一步，不但能缩短生产周期，提高克隆效率，而且有可能控制克隆胚胎的活化时间及调整其细胞周期。此前的非电融合技术尝试都以失败告终。早在1999年，中、法两国科学家就利用中国科学家发明的小鼠胚胎显微操作损伤切除术和法国研究人员所掌握的分子生物学技术，成功培育了世界第一只成年体细胞克隆鼠。

1999年12月24日，河北农业大学与山东农业科学院生物技术研究中心联合攻关，在济南成功克隆了兔子。两只克隆小白兔被命名为"鲁星"和"鲁月"，都长势良好。虽然生它们的是一只灰兔，但其实它们真正的妈妈是一只新西兰白兔，在与另一只同族公兔交配受精后65～70小时内，科技人员把正在进行第四次分裂的胚胎从子宫内抽出，利用酶的消化作用，使它离散成单个的卵裂球，提取出细胞核。同时，科技人员又取出另一只新西兰白兔的卵母细胞，将细胞核去除，再经过显微注射、电融合等技术处理后，将它们融合成了重组胚，移植给了大灰兔。一个月后，大灰兔顺利分娩，生下了这两只可爱的小白兔。

这项实验属于胚胎克隆，在技术上尚未达到体细胞克隆羊多莉的水平，但它为中国克隆技术的进步奠定了基础，同时，为动物育种方面提供了有效方法，可以实现胚胎的"工厂化"生产和基因的最优组合。

1999年10月15日，江苏扬州诞生国内首例转基因山羊体细胞克隆羊，这是中科院发育生物所与扬州大学合作完成的。这只克隆羊是白色的，重16.5千克，白色，心、肝、肺等主要脏器均为正常，在羊群中很活跃。它的科研意义非同寻常，由于这只羊导入了药物基因，成了"一座活的动物制药工厂"。它是将人们需要的药物基因导入动物的受精卵里，随着受精卵分裂，导入的基因也跟着细胞里的染色体一起倍增，还能够稳定地遗传到下一代。这种携带有药物基因的动物被称为转基因动物。转基因技术使得牛、羊等哺乳动物成了药用动物。要稳定、大量地获得这种药用动物，就需要进行克隆。在实验过程中，科学家们还发明了一种新型的制备技术。这种制备技术采用普通山羊的细胞，把所需基因注入细胞当中。在确定细胞的确携带此种基因后，就可以把体细胞核移植到其他山羊体内，这样出生的山羊也是转基因羊。其成功率甚至超过多莉羊的克隆方式。将这种转基因山羊在短期内扩展成一个群体，后者甚至可以无限扩展。在当地政府的推动下，"江苏省转基因动物制药中心"在扬州大学挂牌，专家们正推动该项成果向生物制药的产业化方向发展。

在历史文化名城西安，克隆山羊的工作也在紧锣密鼓地进行着。"体细胞克隆山羊研究"是中国国家自然科学基金重点项目和农业部重点项目，由西北农林科技大学生物工程研究所所长、博士生导师张涌教授主持。2000年1月16日，研究人员将体外培育成的细胞胚和囊胚移植给一只关中奶山羊，几个月后生下了克隆山羊元元。1月26日，研究人员又将细胞胚和囊胚移植给西北农林科技大学一只莎能奶山羊，于是这只受体山羊产下了克隆山羊阳阳。"元元"和"阳阳"都是雌性，取自同一只青山羊的体细胞，所以姐妹俩长得一模一样。

2015年6月22日，克隆羊阳阳迎来15岁生日，已是五代同堂的阳阳牙齿都掉光了。一般山羊的寿命为

克隆山羊"元元"

克隆山羊"阳阳"

2015年6月22日克隆羊"阳阳"迎来15岁生日

16～18年,15岁的阳阳已算是山羊中的"老寿星"了。它曾先后三次进京,参加过北京国际博览会、国家863高科技展,还在中央电视台做过专题节目。

3.___克隆动物 存在缺陷

对于克隆动物,人们普遍关心的一个问题是,没爹没娘的克隆动物是否和有爹有娘的正常动物具有同样的生理功能呢?据成功培育出世界上第一只体细胞克隆羊多莉的苏格兰科学家说,"多莉绵羊几岁时就出现了明显的早衰症状"。未老先衰成了某些克隆动物的缺陷之一。

一般绵羊能活12年左右,而克隆羊多莉仅活了6年,寿命只有正常绵羊的一半。它的早亡引起了人们对克隆动物是否会早衰的担忧。克隆动物的年龄如何计算?是从0岁开始计算,还是从被克隆动物的年龄累积计算,或者是从二者之间的某个年龄开始计算,是值得深入研究的。就克隆羊多莉而言,它出生时究竟是6岁还是0岁,或者是二者之间的某个岁数,尚没有定论。2003年2月14日,正值壮年的克隆羊多莉死于肺部感染。其实,肺部感染是一种老年绵羊的常见疾病。据Ian Wilmut透露,多莉绵羊还被查出患有关节炎,这也是一种老年绵羊的常见疾病。

真核细胞线状染色体的末端结构被称为端粒,它决定着细胞能够分裂的次数。每一次细胞分裂,端粒都会缩短;当端粒耗尽后,细胞就失去了分裂能力。科学家早在1998年就发现,克隆羊多莉的细胞端粒比正常的要短,就是说,细胞处于更衰老的状态。这就意味着,克隆羊多莉的寿命可能会比正常绵羊短,还可能比其他绵羊更易感染疾病或罹患癌症。当时认为,这可能是由于用成年绵羊的体细胞克隆多莉造成的，这种细胞带有成年细胞的性质，但这一解释受到了克隆牛研究成果的挑战。

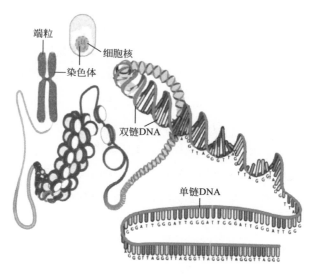

染色体端粒的位置

（译自：Sajidah Khan, et al.A simplified scheme depicting the structure of the telomere and its location on the chromosome in the cell.Reproduced with permission. Cardiovascular Journal of Africa, 2012, 23(10): 563-571）

来自美国马萨诸塞州的罗伯特·兰扎等用牛的衰老细胞培育克隆牛，共得到6头小牛犊。可当小牛长到5～10月龄后，发现这些牛的染色体端粒比普通同龄小牛的要长，个别的甚至比普通新生小牛的染色体端粒还要长。这与克隆羊多莉的情况截然不同。目前，科学家也无法合理解释这一现象。不过，该实验提出了一种可能，就是克隆过程可能会改变成熟细胞的分子钟，使其返老还童。

然而在另一些情况下，克隆牛的命运就令人遗憾了。在日本，一些精心培育的克隆牛出生还不到2个月就已死去。截至2000年2月份，全日本共有

121头体细胞克隆牛诞生，而存活的仅有64头。

科学研究表明，部分克隆牛的胎盘功能不完善，血液的含氧量和生长因子的浓度偏低；有些克隆牛的胸腺、脾和淋巴腺没有正常发育；克隆动物的胎儿普遍比普通动物发育快，这些都是死亡的可能原因。

法国的克隆牛也有类似问题。2000年5月14日，在第20届生物学发展研讨会上，法国国家农业研究院的科学家透露，采用类似多莉绵羊克隆方式培育的牛，在生长发育过程中出现了体态巨大或畸形综合征。

1999年，据著名的英国《柳叶刀》杂志报道，法国国家农业研究院通过克隆方式培育的一头牛，出生后仅51天就因严重贫血而死亡。当时，只有14头克隆牛生长正常，其他150头或在胚胎孕育阶段发生流产，或在出生后很快死亡。研究结果表明，综合征中最主要的表现是胎儿巨大，它们的非正常发育致使怀孕母牛食欲不振，科学家们不得不采取措施让母牛流产或屠宰母牛。有幸降生的克隆小牛，许多很快死于心脏异常、尿毒症或伴随不能进食的呼吸困难。这并非偶然，世界上其他一些类似实验结果也是这样，克隆牛的死亡率达到了70%。

中国的克隆山羊也存在同样的问题。据西北农林科技大学生物工程研究所透露，2000年6月16日降生于该校种养场的成年体细胞克隆山羊元元，由于肺部发育缺陷，呼吸困难，导致呼吸衰竭而死亡。西北农林科技大学负责克隆山羊项目研究的张涌教授回忆说，元元降生后不久，研究人员就对它的身体状况进行了详细检查，发现与普通羊羔相比，元元的呼吸有点困难，当时判断可能是由于肺部发育不正常所致，并对元元进行了封闭观察。一天凌晨，元元终因呼吸衰竭而死亡，仅仅活了36小时。无独有偶，扬州大学克隆的转基因山羊也出现过夭折。

这些似乎表明，克隆动物的短命现象绝不是偶然的，这里除了克隆技术需要完善外，可能也有体细胞克隆与胚胎发育具有本质上不同的地方，否则哺乳动物在长期进化过程中，也不会选择有性生殖方式繁殖后代，而无性的克隆繁殖没有成为高等动物传宗接代的方式，可能有其固有缺陷。

有人预言，克隆技术在商业上确实有很大用途，譬如，克隆最优秀的赛马或者宠物狗。然而，随着克隆技术的发展，科学家们越来越怀疑克隆所具有的这种拷贝能力了。

英国爱丁堡罗斯林研究所克隆了4只绵羊，它们长大后，体貌特征和行为习惯方面却有着明显的差异。假如克隆技术能够达到理论上的效果，这4只公羊应该像从一个模子里出来的一样，参与复制这4只公羊的坎贝尔教授说，"它们看起来确有相似之处，因为同一品种的绵羊总会有几分相像，但是你绝不会想到它们是基因相同的克隆动物。"而且随着年龄增长，它们相互之间的差异会越来越大。

有的科学家分析，出现这种差别的原因可能是，用来克隆这4只公羊的4个细胞核被放入了从不同母羊体内提取的卵细胞中。虽然每个卵细胞都被除去了细胞核，但是细胞质里有线粒体，线粒体里含有少量遗传物质DNA，其数量相当于细胞核中DNA数量的3%左右。线粒体DNA会与细胞核DNA发生相互作用，影响基因的活性和胚胎的发育过程。由于卵细胞来源不同，发生相互作用的方式会略有不同，从而导致了克隆出来的动物在成年后表现出个体差异。这种差异决定着胚胎的存活能力和发育能力，还有可能决定着公羊成年后的体貌特征。

也有科学家指出，基因突变也会使克隆动物表现出个体差异。基因突变是指细胞在分裂增殖时未能原封不动地自我复制。假若这种基因突变发生在胚胎发育时期，它就有可能会影响所有在基因突变后分裂出来的细胞，而使成年动物的外貌特征发生轻微改变。

细胞里基因的表达也受环境因素的影响。研究表明，控制动物生长发育或行为习惯的基因受一些"开关系统"的调控，这些基因会在适当的时候自行开启或关闭。就人类而言，虽然这些开关可以控制生长发育或青春期的开始，但它们自身要受环境因素影响，而基因相同的克隆动物所处的环境条件可能是不同的。

罗斯林研究所的科学家认为，他们的研究成果表明，利用创造了多莉羊的技术使已经死去的人或动物复活是不可能的。坎贝尔教授说，"唯一真正的克隆是一模一样的双胞胎，而且真正了解双胞胎的人都知道，即使是双胞胎也会有不同的特征和个性。"

人们应该正确地认识克隆技术，摒弃科幻小说给人们留下的那种错误印象——动物或人类克隆就是分毫不差的复制。

除克隆动物本身固有的生理或免疫方面的缺陷外，无论理论还是方法，克隆技术都是不成熟的。在理论上，还有许多问题需要弄清楚，譬如：分化的体细胞核内所有或大部分基因已经关闭，它是怎样重新恢复全能性的；克隆动物是否会记住供体细胞的年龄；克隆动物的连续后代是否会累积突变基因；细胞质线粒体在克隆过程中起着怎样的遗传作用。在方法上，克隆动物的成功率还很低，维尔穆特研究组在培育多莉的实验中，一共融合了277枚移植核的卵细胞，才获得了多莉这一只成活羊，成功率仅有0.36%。与此同时，胎儿成纤维细胞和胚胎细胞的克隆成功率也分别只有1.7%和1.1%。即使"檀香山技术"，以分化程度较低的卵丘细胞为核供体，成功率也仅有百分之几。

克隆技术本身固有的缺陷表明，人类对生物遗传规律的认识还需要深入。生物是自然界中最为复杂的物质存在形式，它的奇妙之处就在于既能遗传又能变异。所谓遗传，就是"种瓜得瓜，种豆得豆"，正是由于遗传，物种才能持续存在。所谓变异，就是"一母生九子，子子各不同"，生物要进化、发展，这就需要变异。只有这样，才能保证物种不会衰退，不会被大自然淘汰。

即使是克隆动物，也不能改变生物遗传变异的自然规律，只有去认识和遵循。

4.＿＿大胆邪教　克隆人类

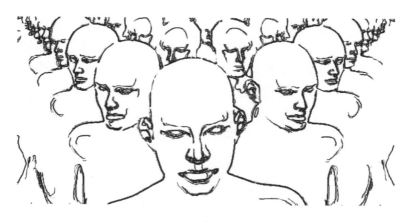

克隆人

自从克隆羊多莉在英国爱丁堡罗斯林研究所诞生以来，人类就已经具备了克隆自己的技术。克隆人已不再是科幻故事，而是实实在在地来到了实验室里。由于克隆人比克隆动物更具有挑战性，尽管世界各地要求禁止克隆人的呼声一浪高过一浪，一些科研人员仍然不惜铤而走险。

1998年初，中外媒体纷纷报道了发生在美国的克隆人事件。根据华健在《国外科技动态》发表的文章，提出每年要克隆500个人的科学家叫Richard Seed，时年69岁。他本是美国著名高校哈佛大学一位物理学博士，但多年从事生物学研究工作。或许是他感到自己年事已高，在事业上一直默默无闻，欲借克隆人这事一举成名。1998年1月份，他连续发表谈话或举行正式的新闻发布会，抛出了庞大的克隆人计划，声称克隆人只不过是人类生育的另一项先进技术。他想把自己的细胞核与捐献者的卵细胞结合发育成胚胎，再将胚胎植入他妻子洛丽亚的子宫，以期最终生下他的复制品。但是这位做事冒失的物理学老博士，克隆人计划一经各国媒体曝光，便立马捅了马蜂窝。各国政府纷纷亮出了大棒，进行严厉制止。

此后不久，一些有邪教组织背景的科学家，在大漠深处悄悄开展了神秘而又令人生畏的克隆人实验。

事情是怎样被发现的呢？2000年11月5日，英国《星期日泰晤士报》、《每日镜报》和美国《内华达晨讯》以显著标题刊出"大漠深处，秘密实验室紧锣密鼓克隆人"。并且警告，假如国际社会不联合采取紧急措施的话，世界上第一个克隆人极有可能在2001年年底诞生！继希德克隆人事件后，这一报道无疑又一次震惊了国际医学界、科学界和相关国家的政府。

据这些报纸报道：在美国西南部的内华达州，有一片茫茫大漠，大漠深处是一片神秘的无名绿洲，只有一条孤零零的简易公路与绿洲相通。这片偏远的绿洲就是"克罗耐德公司"的秘密实验室。

克罗耐德公司的幕后操纵者就是西方国家公认的臭名昭彰的邪教组织——"拉尔雷恩运动"。对于一些北美人特别是美国人和加拿大人来说，都知道"拉尔雷恩运动"这个邪教组织。他们坚信地球人类源于外星人，在85个国家发展了5万名成员，是一个不小的组织。

这个邪教组织的创始人是克劳德·沃里霍恩，他曾经是法国一名体育记者，宣称自1973年与外星人接触后得到所谓的真传，此后就从法国迁居到加拿大的魁北克，并改名为拉尔雷恩，成立了以自己姓名命名的邪教组织。这个邪教组织在巴哈马注册成立克罗耐德公司的目的非常明确，就是要培育克隆人。

当然，他们进行克隆人实验并非出于科学研究目的，而是由于这个邪教组织坚信，地球人都是一群外星科学家从另一颗星球克隆来的，搞克隆人就是为证明他们的"理论"是正确的。他们还想成立一个"大使团"，以便迎接来地球的外星人。

这事说起来有些荒唐，"拉尔雷恩运动"却不是开玩笑的。在刚刚组建时，克罗耐德公司就网罗了一些热衷于克隆人的狂热科学家，其中布丽吉特·布瓦舍里耶就是负责人，是一位著名的生物化学家。

时年44岁的布丽吉特出生地是法国，曾经在巴黎市郊外的因赛德商学院与英国保守党领袖哈格一起学习，只是后来改学的生物学，还成了一名颇有建树的科学家。她是一位离婚母亲，有3个孩子，在纽约定居。除了生物学家的公开身份，她毫不避讳自己是"拉尔雷恩运动"邪教组织的科学主任。考虑到克隆多莉羊时的技术难度，她十分慎重地对待克隆人研究。她坦率地对记者说，"多莉"是347个胚胎中唯一幸存的一个，她完全能够想象到，克隆人失败率会非常高，但是她仍然神秘地对记者说，她及她领导的4人研究团队，研究出一种改善细胞繁殖的新方法。她相信，这种方法能够有效地提高克隆人类的成功率。

克罗耐德公司的秘密实验室还透露，最初支持这项克隆人研究的就是这位夭折女婴的父母，这对夫妇已为克隆人实验投入30万美元，唯一的梦想是让夭折的爱女"死而复生"。还有5对英国夫妇，其中包括两对同性恋男子，也自愿排队加入被克隆的行列。尽管秘密实验室对这些人的具体信息严格保密，但是仍有人猜测到他们中一些人的真实身份，其中就有英国高级电脑顾问彼得以及伊迪科·布莱克伯恩夫妇。后者多年来一直尝试人工受孕，但没有成功。自从克隆人问题曝光后，他们夫妇立刻成为英国头号克隆人拥护者。这对夫妇是否介入了克罗耐德公司的克隆人实验呢？对此，他们三缄其口。

当时，乐意为世界上第一个克隆婴儿怀孕的志愿"妈妈"超过了50人，这其中就包括秘密实验室女负责人的大女儿、时年22岁芳龄的玛丽娅·科科里奥斯。她是一位漂亮的法国凡尔赛姑娘，当时是加拿大魁北克西南部蒙特利尔市一所艺术学院的四年级学生。她说，她是自愿报名参加克隆人研究的，她妈妈并没有逼她。

"拉尔雷恩运动"的克隆人计划曝光后，引起了国际社会高度关注。美国、加拿大、法国、英国政府向有关部门施加重压，对这个邪教组织的克隆人计划进行打击。

英国政府立法禁止克隆人，任何与这个邪教组织在克隆人方面进行合作的英国个人或社会团体都将遭受重惩，包括巨额罚款、坐牢、终身不得再从事克隆技术研究等。法国政府把"拉尔雷恩运动"视为非法邪教组织，声明该组织任何成员不得在法国境内从事任何非法活动，否则严惩不贷。加拿大政府也在积极研究打击"拉尔雷恩运动"邪教组织的对策。

美国食品药品管理局密切关注"拉尔雷恩运动"的克隆人计划。美国民众特别是拉斯维加斯人对"拉尔雷恩运动"开展的克隆人项目无比愤怒。哈里·雷伊德是美国内华达州民主党参议员，他收到了数千封反对"拉尔雷恩运动"克隆人的抗议信。

各国科学家们也对邪教组织克隆人的做法纷纷表示愤怒。创造出克隆羊多莉的英国科学家伊恩·威尔穆特说，克隆人的做法完全是一种犯罪行为。美国洛克菲勒大学首席克隆专家托尼·佩里说，进行动物克隆实验还屡屡失败，进行克隆人实验是不道德的。

虽然有的科学家对"拉尔雷恩运动"邪教组织从事克隆人研究的可能性表示怀疑，但是大多数科学家相信，由于有权威生物学家参与，克隆人的诞生只是时间问题。

声称克隆人成功的意大利医生 Severino Antinori

（引自：兆丰. 第一个克隆人即将出世. 少年科技博览, 2002, 8: 12-13）

"拉尔雷恩运动"邪教组织最终有没有克隆出人不得而知，但据法新社2009年3月3日报道，有"克隆疯子"之称的意大利著名妇科医生 Severino Antinori 成功"制造"了3名克隆人，生活在东欧。Severino Antinori 在2009年3月4日接受媒体采访时说，"我运用人类克隆技术帮助生育了3名婴儿……2名男孩和1名女孩，如今已有9岁。他们出生健康，如今也生活得非常健康。"1994年，Severino Antinori 曾让一名已绝经的63岁老妇怀孕，从此声名鹊起。

值得一提的是，克隆人技术本身并没有错。对有些人来说，克隆一位与他们死去的亲人一模一样的人，从情理上是可以理解的，除此以外，克隆技术本身还能使我们得到十分稀缺的人体器官，为需要器官移植的患者带来福音，并且让人类了解基因以及基因环境对病理的影响。但是，如果先进的克隆技术落在可怕的邪教组织手里，结果会是灾难性的。在这一点上，世界各国的认识是一致的。

5. ___ 克隆人类　为何禁止

禁止克隆人

动物克隆技术的发明确实给人类带来了实际利益：它可以挽救濒危珍惜的动物物种，也能够大量培养遗传性完全相同的纯种动物，从而扩大优良动物品种的繁殖力；科学家们可以把珍稀的药物基因转入克隆的生物，让克隆生物成为"制药工厂"，以大批量生产生物药物；克隆的转基因猪还可以用于器官移植，以缓解目前移植器官供应紧张的局面……

克隆技术成了普罗米修斯的圣火，使人们看到了生物文明带来的美好前景，然而克隆技术就像一把"双刃之剑"，克隆人带来的负面影响涉及伦理、道德、宗教、法律等方方面面，已引起了科技界、政治家、社会学家、人类学家、法学家、政策分析家、伦理学家及有关国际组织的广泛关注。

在伦理方面，从"原版人"身上取下的体细胞培育成的"克隆人"，究竟是其本人还是其后代？当然，克隆的目的无非是想复制另一个完全相同的自我，但实际做不到。"克隆人"由于发育得晚，实际上要比"原版人"年幼得多，另外由于"克隆人"和"原版人"发育的空间、时间和环境不可能完全一样，尽管两者遗传基因相同，仍然在性格、气质、知识、思想等方面存在差异。"原版人"和"克隆人"虽然在外貌上相似，但不可能是完全相同的人。"克隆人"在"原版人"家族中的辈分怎么排，家谱怎么续，户口怎么上……这些都会造成伦理上的极大混乱，给社会、给日常生活造成很大麻烦。假如"克隆人"结婚并生了孩子，那辈分就更乱了。自古以来在人类心中形成的伦理观念势必崩溃。

在道德方面，由于"克隆人"是"原版人"的复制品，他应该享有"原版人"的一些权利和义务。比如，"原版人"的妻子，也应该是"克隆人"的妻子；原版人的孩子，也应该是克隆人的孩子。然而，即使"原版人"宽宏大量，同意自己的"克隆人"分享自己的妻子，"原版人"的妻子又怎么能够接受这种没有感情的"继承"婚姻呢，这显然是违背一般社会道德准则的。实际上，"原版人"的孩子和"克隆人"之间也存在这种问题。

在法律方面，继承遗产时，"原版人"和"克隆人"到底怎样继承呢？弄不好，就要出乱子；如果"原版人"犯了罪，让"克隆人"去当替罪羊，势必得不到法律惩治恶人、保护好人的目的；如果一个犯罪分子，知道自己死了之后还可以通过克隆手段再生，他一定会不惜一切地铤而走险，对社会的危害将是极大的。

当然，对于人的克隆还有其他一些负面影响。人是自然界中最高等的生物，经过长期进化，人类已脱离动物界，组成人类社会，人类的遗传物质是全人类的共同财富，人类有责任保护其安全，不容许任意修饰基因组，而克隆人不利于人类遗传物质的安全；人性、人格和家庭观念将会受到冲击，是对人的个性、不确定性和相互联系性的严重挑战；克隆人容易在文化观念、风俗习惯等方面引起混乱。凡此种种，至少是从现在看来，提倡克隆人会造成家庭和社会的极大混乱，弄不好会滋生犯罪，造成人类文明的大倒退。

为此，克隆人的苗头刚出现，许多国际组织和一些国家的政府就制定了相关法律，纷纷对克隆人研究亮出了"大棒"。

1997年5月8日至10日，世界医学会召开会议作出一项决议，号召从事科学研究的医生和其他研究者，自动远离克隆人研究。

1997年5月14日，世界卫生组织第50届世界卫生大会关于人类生殖克隆的决议断言，利用克隆技术复制人类个体，在伦理上是不能接受的，违反人类尊严与道德。

1997年6月，美国国家生命伦理顾问委员会向总统建议，"立即请求各公司、临床医师、研究者、私立和非联邦基金部门的各专业协会，服从联邦政府暂停研究克隆人的决定。各专业和科学协会应阐明立场，用体细胞核转移克隆制造孩子的任何尝试，都是不负责任、不合伦理和违反职业道德的行为"。

1997年6月14日至17日，穆斯林医学组织在召开的研讨会上建议，不允许把第三方，无论是子宫、卵子、精子或克隆细胞，引入到夫妇关系中。

1997年7月，国际妇产科联合会做出决议，无论用核转移或胚胎分裂，克隆人类个体，都是不能接受的。

1997年3月，中国卫生部陈敏章部长对克隆人表明的立场是"四不政策"，即不赞成、不支持、不允许、不接受。

1998年1月12日，19个欧洲国家在法国巴黎签署了《禁止克隆人协议》，禁止用任何技术创造与任何生者或死者基因相似的人。这是世界上第一个禁止克隆人的法律文件。

1998年年底，韩国庆熙大学附属医院两位教授，成功地利用一名妇女卵细胞培育出可以孕育新生命的胚芽，后因过不了道德伦理关，不得不停止了试验。

2005年2月18日，第59届联合国大会法律委员会以71票赞成、35票反对、43票弃权的表决结果，以决议的形式通过一项政治宣言，要求各国禁止有违人类尊严的任何形式的克隆人行为。

人类胚胎干细胞研究也在许多国家都受到了限制。德国实施胚胎保护法，严格禁止克隆人及人体胚胎的研究。官方人士认为，目前用于医疗目的克隆人体胚胎细胞的理由并不充分，人们有必要仔细权衡利弊。德国部分人士则反对目前的胚胎保护法，认为有必要修改以适应现代医学发展的需要。他们主张在国家严格监督下，允许少数研究中心从事医疗目的的克隆人体胚胎细胞的研究。美国禁止利用联邦资金进行这类研究，但对私人资金并不限制。1998年11月，美国威斯康星大学等机构的科学家在美国《科学》杂志上发表报告说，他们成功地利用人类胚胎组织分离培育出胚胎干细胞，它们能在体外不断生长、增殖，具有很强的分化潜力，致使美国在这一领域的研究走在世界前列。这一突破性进展引起了各国科学家的关注，也引发了伦理、道德、宗教、法律等方面的激烈争议。

尽管如此，克隆人的出现仍然很难避免。据伊恩·威尔穆特教授预计，如果有研究小组准备做这项工作，并能得到人的1千个卵母细胞，经一两年时间，在技术上能制造出克隆人。英国《独立报》日前公布的一项调查显示，尽管当前社会普遍反对进行克隆人研究，但许多著名医学家仍然认为，将来肯定会出现第一个克隆人类婴儿。虽然多数被采访的科学家表示，不赞成进行克隆人研究，但他们认为，如果技术和安全方面的问题可以解决，以克隆人为目的的繁殖性克隆研究未来可能会进行。

在法国巴黎蓬皮杜中心举行的一次克隆科学讲座上，美国农业经济研究学院研究主任雷纳透露，美国还没有法律禁止克隆人类的实验，他怀疑已有科学家在美国"静悄悄"地成功造出全球首名"克隆人"。雷纳认为，即使他们能够成功克隆出人，并能使这个克隆人传宗接代，这件事也不会在短时间内"曝光"。处于要观察克隆人成长的目的，估计成功克隆人的消息要延后10多年公布。另外，据专门研究克隆人的一位英国物理学家在接受英国广播公司访问时透露，不少实验室正进行复制人的实验。

许多科学家认为，尽管世界许多国家明确禁止进行克隆人研究，但这个世界上总会有人试图在某些地方从事这项研究。不管政府批准还是不批准，它都会发生，这是很难阻止的。

6.＿＿ 治疗克隆　得到宽容

长期以来，移植器官紧缺一直是困扰医学界的一大难题。根据自然法则，世界各地的死亡者中大都以老年人和癌症、心脏病患者居多，他们的器官由于有缺陷而无法供人体移植用，寻找年轻健康的器官又非常困难，使得等待移植器官的患者人数不断上升。早在2000年，全球等待移植器官的患者就有数十万，仅美国就有6.2万人等待捐献心、肺、肝、肾等器官。2015年8月22日，中国首部《中国器官捐献指南》发布，该指南主编、中国人体器官捐献与移植委员会主任委员黄洁夫说："目前，中国每年约有30万患者因器官功能衰竭等待着器官移植，但每年器官移植手术仅为1万余例，众多患者仍在苦苦等待"。

在这种背景下，虽然以繁殖为目的的人细胞克隆受到了人们的普遍谴责和各国政府的明令禁止，但以治疗为目的的人细胞克隆得到了一些理解和支持。

英国科学部长森斯伯里勋爵曾表示，他个人认为应允许开展人类胚胎克隆研究，培养人体组织用来治疗疾病。自从美国学者发现了控制人体器官组织发育的干细胞后，英国科学家就建议克隆人体胚胎，从中提取干细胞培养人体组织。由于担心公众反对，英国政府的部长们一直没有就此事做出最终决定。在一次生物工业协会的会议上，森斯伯里勋爵说，假如英国要想控制老年人患上诸如阿尔茨海默症和帕金森症这样的疾病的人数不断增长的局面的话，研究人类胚胎克隆是十分必要的。他认为克隆疗法为治疗疾病带来了希望，它极有可能解决因疾病而产生的人类生命质量问题。

2000年8月16日，英国政府终于宣布，将批准以治疗研究为目的的人体胚胎克隆实验。消息一传出，国际生物医学届立即为之哗然。英国《独立报》还在头版头条刊登了一幅胚胎照片，称这个只有六天生命的胚胎预示着21世纪生命科学美好的未来。有人甚至乐观地预言，人体胚胎克隆技术将导致人类一些重大疾病治疗的革命性变化，人体哪个部件发生了障碍，将会用克隆的器官取而代之，一切看起来就像修理自行车一样方便。

由英国公共健康大臣罗那尔德森领导起草的一份报告称，人体胚胎克隆实验将为找到新的治疗方案开辟道路，其目的在于利用年轻的细胞来培养各种人体组织，以治疗那些现在无法根治的疾病。2000年8月23日，时任美国总统克林顿也宣布，同意利用联邦资金进行克隆人类胚胎的研究。他表示，美国政府是在对国家卫生研究院发布的指导方针进行了仔细的审查后做出这个决定的，因为进行人类胚胎克隆研究将带来"令人难以置信的潜在益处"。

这样，"治疗性克隆"得到了一些宽容。

什么是"治疗性克隆"呢？在体细胞克隆技术出现之前，科学家们只能从流产、死产或人工授精的人类胚胎中获取分裂能力很强的干细胞来进行研究。克隆羊"多莉"的问世，意味着可以通过体细胞克隆出人类胚胎，这将使干细胞获取更为容易。医生可从患者身上取下一些体细胞进行克隆，使形成的囊胚发育到6～7天，再从中提取干细胞，培育出遗传特征与患者完全吻合的细胞、组织或器官，如果向提供细胞的患者移植这些组织器官，这就是所谓的"治疗性克隆"。

克隆疗法在医治一些人体组织（如大脑、心脏和肝脏）疾病方面被认为具有巨大潜力。它可分几步完成，首先从患者的细胞中提取细胞核，并将其与抽去染色体的空的人卵子结合成细胞；经过数天后，合成的细胞发育成近120个细胞的细胞球。从理论上讲，如将细胞球植入人体子宫内，便可成长为患者的人体克隆，但这在英国会被严格禁止。于是，根据科学家们建议，在获得细胞球后，首先从中提取干细胞，然后按需要用干细胞来培养相应的组织，譬如，心脏细胞或大脑神经元，以代替被疾病伤害的人体组织。

迄今，人造器官仍然存在一些问题，可供移植的器官极度匮乏而且会有排异反应，如果治疗性克隆研究取得成功，患者将可以轻易地获得与自己完全匹配的移植器官，不会产生任何排异反应。届时，血细胞、脑细胞、骨骼和内脏都将可以更换，这无疑给患白血病、心脏病和癌症等疾病的患者带来生的希望。

英国PPL生物技术公司特别重视"治疗性克隆"的研究，一方面是因为在英国移植器官缺乏的形势十分严峻，另一方面是因为器官移植确实能给公司带来丰厚的利润。PPL生物技术公司在开展用于治疗目的的人细胞克隆前，首先进行了一种过渡性的猪细胞克隆研究。他们认为，随着转基因克隆技术的发展，将来某一天人们或许可以在实验室中用人体细胞培育出代用的移植器官，但要实现这一点仍有很长的路要走，在这种形势下，解决移植器官短缺的唯一可行方法就是实行异种器官的移植，即将一种动物的细胞、组织或器官移植到另一种动物的体内。

2013年，Matsunari报道了一种克隆猪，带有可供临床移植的人源性胰脏。

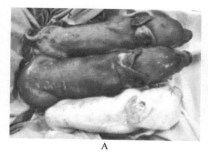
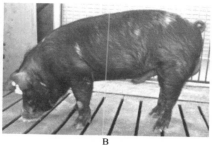

A

B

带有可供临床移植的人源性胰脏的克隆猪

（引自：Matsunari H, et al.Blastocyst complementation generates exogenic pancreas in vivo in apancreatic cloned pigs.Proceedings of the National Academy of Sciences of the United States of American, 2013, 110(12): 4557–4562）

A—幼年的克隆猪；B—成熟的克隆猪

选择猪作为培育目标，主要是由于猪器官在生理上与人器官更为接近，而且猪具有繁殖力强的特点，为大量获取移植器官提供了可能性。科学家们称，假如一个移植的猪器官可持续工作5年，就能基本上解决问题，因为这种器官可以大量培育，需要时可进行手术更换。

一些分析家认为，在全球性移植器官短缺的情况下，未来全球供人体移植用的猪器官有60亿美元的市场前景，当然移植能产生胰岛素的猪细胞也有同样的市场规模。庞大的市场需求，为PPL生物技术公司的研究项目注入了强大动力。

培育出具有转基因特征的克隆猪是向异种器官移植迈出的重要一步，但远远没有实现猪器官的人体移植，还需克服许多困难。第一个，也是最重要的一个，就是人体的超急性排斥反应。通常，人体的排斥反应是由白细胞和抗体对侵入体内的外来物进行攻击造成的。但异种器官移植则不同，当器官植入人体后，在白细胞和抗体发生作用前，就会受到人体血液中一种由20多种酶组成的复合物的攻击，几分钟内便可使植入器官的血液凝结，导致缺氧死亡。

由于猪血管内皮细胞上含有一种人类没有的糖分子，当猪器官植入人体后，人体的免疫系统会将这种糖分子认作外来物而发起攻击，几分钟内即可将移植器官"摧毁"。所以，需先对猪细胞中负责产生这种糖分子的目标基因进行修改，使其失去活性，再克隆这种细胞，这样培育出来的猪器官移入人体后，就可避免人体的超急性排斥反应。与此同时，还需在猪体内加入一种可产生天然蛋白质的基因，以减轻免疫反应的强度。

PPL生物技术公司称，猪器官的糖分子是引起免疫排斥反应的主要原因，却不是唯一原因，因此植入人体内的猪器官在植入后的2～7天内还有可能遇到其他形式的排斥反应。引起这种排斥反应的主要原因有两个。一是由存在于人体血管表面的抗凝血成分丧失引起的。这种抗凝血成分具有防止血液凝结堵塞血管的作用，当异种器官移植后，这些保护性的抗凝血成分就丧失了。为此，PPL生物技术公司试图用向猪体内加入第二种基因，这样当器官进行移植后，需要时即可产生抗凝血成分的替代物。二是血管表面存在过量的VCAM分子也会引起免疫排斥反应。通常人体内只有少量的这种分子，其作用是促使血液中的白细胞渗入感染和炎症部位，以抵抗病菌侵袭。当异种器官移植后，VCAM分子会过量产生，使移植的器官衰竭。为了克服这一障碍，PPL生物技术公司计划在猪体内加入第三种基因。这种基因可使细胞内产生一种新的蛋白质，将VCAM分子捕获，以免移植的器官受到伤害。科学家们表示，对上述两种产生物都必须进行严格的控制，以确保只有在需要时才适量产生，否则将会带来灾难性的后果。

人体的长期免疫排斥反应也需要克服。在异种器官移植中，这种免疫排斥反应主要是由T淋巴细胞的进攻引起的。T淋巴细胞有许多种，每一种可识别一种特定的"外来入侵者"，是整个人体防御系统的一部分。为了防止T淋巴细胞对移植器官进行攻击，PPL生物技术公司准备在器官移植前先给患者注射少量经过"修改"的猪细胞，这些细胞可使负责对移植器官进行攻击的T淋巴细胞丧失识别能力，而其他T淋巴细胞不受影响，依然可以保护人体免受感染。

以上是PPL生物技术公司解决人体免疫反应采取的几个主要步骤，如果进展顺利，还需要开展灵长类动物实验、防止猪病毒感染的安全性研究以及人体试验，然后达到临床应用的目的。

然而，真正培养人体细胞进行治疗性克隆的研究，在国内外的进展都比较缓慢。令人惊喜的是，中国在"治疗性克隆"研究领域取得了实实在在的进展。科学家们已经把人的体细胞移植到去核的卵母细胞中，然后经过一系列处理发育至囊胚，初步取得了克隆上的成功。"治疗性克隆"课题也被列为国家级重点基础研究项目，此课题分为上、中、下游三部分：上海市转基因研究中心成国祥博士负责上游研究，上海第二医科大学盛惠珍教授和曹谊林教授分别主持中、下游的研究工作。其整体目标是，用患者的体细胞移植到去核的卵母细胞内，经过一定的处理使其发育到囊胚，再利用囊胚建立胚胎干细胞，在体外进行诱导分化成特定的组织或器官，如皮肤、软骨、心脏、肝脏、肾脏、膀胱等，再将这些组织或器官移植到患者身上。利用这种方法，将从根本上解决异体器官移植过程中最难的免疫排斥反应，同时使得组织或器官有了良好的、充分的来源。

"治疗性克隆"虽然受到了科学家们欢迎，却遭到了一些宗教团体和个别国家政府的反对。

2000年9月7日，欧洲议会以非常接近的票数，投票通过反对用克隆技术进行医学研究，表示包括克隆人类胚胎在内的医用克隆技术会使医学研究越过负责任的界限。议会呼吁英国重新检讨其对克隆技术的立场，并建议联合国全面禁止克隆人类。

2004年8月11日，英国颁发全球首张克隆人类胚胎执照，合法执照有效期为1年，胚胎14天后必须销毁，培育克隆婴儿仍属非法行为。其目的主要是：增加人类对自身胚胎发育的理解；增加人类对高危疾病的认识；推动人类对高危疾病治疗方法的研究。

　　为什么14天前的胚胎，也就是前胚胎，可以作为研究对象呢？根据胚胎学的大量研究结果，14天前主要是形成胚胎外部组织，即外胚层。特别重要的是，"原胚条"还没有出现。原胚条一旦出现，就意味着胚胎细胞已经开始向各个组织器官发育分化，表现出各自具有的特殊性。所以，14天前和14天后的胚胎具有本质的不同。一般认为，14天前的胚胎还是既无感觉又无知觉的细胞团，尚不构成道德的主体，对其进行研究也不侵犯人类的尊严。

　　"治疗性克隆"的发展任重道远，科学家们仍在不断地探索，期待不久的将来，克隆的组织或器官能够在临床上应用，彻底解决"可供移植的组织器官严重短缺"的问题。

7.＿＿克隆动物　其他进展

　　印度野牛是一种栖息在东南亚、印度的森林或竹林中的大型野生动物，现今全世界仅剩了约3万只，已经濒危。它的数量不断减少的原因是，近年来印度野牛的野外栖息地不断缩小，偷猎者由于高额利润的驱使不惜铤而走险。此外，印度野牛在动物园中很难繁殖成功，也是这种大型野生动物家族不够兴旺的原因。

　　长期以来，科学家们希望能够大量繁殖这种动物，以拯救这一珍稀物种，克隆技术还真派上了用场。2001年1月8日，在美国艾奥瓦州，一家生

印度野牛

（引自：乔轶伦，居龙和．形形色色的牛家族．大自然，2009，2：36）

物技术公司的科学家们成功地将奶牛卵子中的细胞核剔除，再把印度野牛皮肤细胞的细胞核植入。几个月后，一头名叫"诺亚"的印度野牛诞生，体重80磅（约36千克）。这是世界上第一头克隆野牛，但它仅活了1天就因为感染痢疾死亡。科学家们认为，克隆的野牛感染痢疾与克隆技术本身无关。

科学家们对克隆技术充满信心，希望它能够挽救世界上大量濒危野生动物。

中国也有克隆濒危野生动物的计划。白鳍豚是生活在长江中下游地区的大型水生哺乳动物，已经在地球上生活了几千万年，然而跟大熊猫一样，白鳍豚的自然繁殖成功率极低，再加上长江生态环境恶化等因素影响，野外活体数量不断减少，现存已不足百头，只是现存大熊猫数量的1/10左右。白鳍豚和大熊猫并称为"活化石"，是世界上12种最濒危动物之一，为国家一级保护动物。为了保护这个中国独有的珍稀濒危物种，中国科学院水生生物研究所的科学家们希望能够进行克隆。

白鳍豚

（引自：陈华文 . 白鳍豚失踪：天意还是人祸 . 绿色视野，2012, 2: 38-41）

水生生物研究所的白鳍豚专家张先锋说，"我们已经开始从人工饲养了20年的雄性白鳍豚'淇淇'身上提取体细胞，获取遗传信息，以备所需资金到位后立即进行克隆和其他科学实验。"这个研究所饲养的白鳍豚"淇淇"，体长2米，体重125千克，是唯一一头人工饲养的白鳍豚。

白鳍豚的平均寿命大约为30年，21岁的"淇淇"将要步入垂暮之年。遗憾的是，由于种种原因，它没有后代。

张先锋教授说，除了从"淇淇"身上提取的宝贵遗传基因外，他们还从野外搁浅、受伤的白鳍豚身上获取有关信息，建立白鳍豚体细胞库，为白鳍豚克隆和生殖生理学等方面的研究提供样本。

动物保护专家认为，克隆只是保护白鳍豚、大熊猫这类珍稀动物的一种尝试。亟待解决的是需要尽快改善它们的野外生存环境，并提供更好的繁衍条件。

据国家环保部一位官员介绍，作为保护白鳍豚的一个重大步骤，中国已投资940余万元在安徽铜陵建成了白鳍豚养护场，对白鳍豚和与白鳍豚体态、习性极其相似的长江江豚进行易地保护。张先锋教授说，长江中的白鳍豚已经极为稀少，它们的游速非常快，普通的机动船很难追上，易地养护难度较大。但水生生物研究所正在寻求与国内其他单位合作，进行白鳍豚克隆等项目研究。

另一方面，科学家们希望使用冷冻细胞技术使已经灭绝了的野生动物"起死回生"。

2015年9月1日，据俄罗斯媒体报道，俄罗斯猛犸象博物馆馆长谢苗·格利高里耶夫说，俄罗斯首家克隆灭绝动物的实验室在雅库茨克开始工作，该实验室主要任务是找到用于此后克隆所需的活细胞，使猛犸象能够再生。报道指出，为实施该项目，汇集了来自多国学者的共同努力。为得到细胞，不仅要在永久冻土中找到保存完好的细胞，还要找到能够使其正确解冻的方法。此前有消息说，在涅涅茨自治区挖掘出了"红猛犸象"的长牙。

猛犸象

（引自：朱蒂.猛犸象复活不是梦.发明与创新，2006, 10: 6-7）

印度勒克瑙古植物研究所的科学家们发现了1800万年前一只雄性蚊子的化石，他们希望能从中了解到蚊子和现今生活在南亚的动物群是如何演变的。据悉，这块化石是在印度西南的喀拉拉邦的一处瓷土基上发现的，蚊子被密封在一小块树脂中，保存完好，从中提取到蚊子基因的可能性很大。勒克瑙古植物研究所的科学家阿纳德·普勒卡什和马诺伊·舒克拉向印度地质学会报告了这一发现，并请求海得拉巴细胞和分子生物研究中心提取这只蚊子的基因，然后加以克隆，再与现代蚊子的基因进行比对，以便了解蚊子的演变过程。

此前，该研究所的科学家还在印度北方比哈尔邦的一个山谷里发现了一批包裹在树脂中的半翅目、膜翅目和鳞翅目的昆虫化石，对于基因研究和昆虫的演变研究是极为珍贵的。这些化石的发现足以说明，早在1000多万年前，这些昆虫就生活在现今印度的北方地区，而现在生活在同一地区的动物群大多是从那时演变过来的。所以，对这些灭绝动物的克隆研究，意义非同寻常。

转基因动物克隆引起了关注。体细胞克隆的成功为转基因动物生产掀起一场革命，动物体细胞克隆技术为迅速放大转基因动物所产生的种质创新效果提供了技术可能。采用简便的体细胞转染技术实施目标基因的转移，可以避免家畜生殖细胞来源困难和低效率。同时，采用转基因体细胞系，可以在实验室条件下进行转基因整合预检和性别预选。

在细胞核移植前，先把目的外源基因和标记基因（譬如Lac Z基因和新霉素抗性基因）的融合基因导入培养的体细胞中，再通过标记基因的表现来筛选转基因阳性细胞及其克隆，然后把此阳性细胞的核移植到去核卵母细胞中，最后生产出的动物在理论上应是100%的阳性转基因动物。采用此法，史尼克等科学家早在1997年已成功获得6只转基因绵羊，其中3只带有人凝血因子IX基因和标记基因——新霉素抗性基因，3只带有标记基因，目的外源基因整合率达50%。斯百利于1997年同样利用核移植法获得3头转基因牛，证实了该法的有效性。由此可以看出，当今动物克隆技术最重要的应用方向之一，就是高附加值转基因克隆动物的研究开发。

2001年1月11日，自美国西海岸报道，人类培育出的首只转基因猴在美国安全降生，这是世界上第一只转基因灵长类动物。科学家们在同年1月12日出版的《科学》（Science）杂志上报道，他们在猴子的未受精卵细胞中加入附加基因，成功培育出健康活泼的小猴"安迪"。据介绍，安迪体内增加的基因仅是一个简单的标志基因，目的就是能够简单地确认出它的基因图谱，但是同样的转基因方法可以令其他的实验动物携带特定的医疗目的基因。

有人认为，此项成果可能意味着人类医学进步步伐加快，具体涉及的疾病可能包括糖尿病、乳腺癌、帕金森症和艾滋病。

同一时期，中国转基因动物的克隆研究也取得了重大进展。3只名为"连连"、"田田"和"云云"的小山羊憨态可掬地出现在顺义三高科技农业试验示范区，这是中国首例3只转有人α抗胰蛋白酶基因的转基因山羊。据科学家们介绍，这3只转有人α抗胰蛋白酶基因的转基因山羊，可通过繁育养殖生产更多的后代，从转基因山羊的羊奶中提取治疗慢性肺气肿、先天性肺纤维化囊肿等疾病的特效药物。在英国，含有这种药物的羊奶售价是6千美元一升，一只母羊就好比一座天然制药厂。

科研人员说，转基因动物制药技术具有传统动物细胞培养技术的几十倍效益，一头转基因动物就是一座天然基因药物制造工厂。这次转基因实验的成功率达到了13.79%，标志着中国转基因技术的进步，为利用动物乳腺生物反应器生产生物药品探索了又一种途径，填补了中国人α抗胰蛋白酶药物市场的空白。

近年来，继转基因动物后，又出现了基因编辑动物。基因编辑就是对目标基因可像文字编辑那样进行操作，只不过文字编辑是增减字词或标点，而基因编辑是对基因组里特定DNA片段进行敲除、加入等，有目的地实现个别基因的改变。基因编辑技术使用锌指核酸酶（zinc-finger nucleases，ZFN）、类转录激活因子效应物核酸酶（transcription activator-like effector nucleases，TALEN）、CRISPR/Cas9等工具进行操作。其中CRISPR/Cas9是新一代基因编辑器，可用来删除、添加、激活或抑制其他目标基因，包括人、狗、斑马鱼、细菌、果蝇、老鼠、酵母、线虫以及农作物等细胞内的基因，使得对任意基因的编辑变得更容易，因而是一种可以广泛使用的生物技术。CRISPR/Cas9的发现者是两位伟大的女科学家——Jennifer Doudna和Emmanuelle charpenfier，因该项发现荣获"2015年度生命科学突破奖"。

2013年，西北农林科技大学动物医学院张涌教授等利用锌指切口酶介导的基因精确插入技术，研制出溶葡萄球菌素基因打靶的抗乳腺炎奶牛。2015年，张涌等又利用Tale切口酶介导的基因精确编辑技术，获得23头*Ipr1*基因打靶抗结核病奶牛，相关论文发表在《美国科学院院刊》（Proceedings of the National Academy of Sciences of the United States of America, PNAS）。

张涌等利用基因编辑技术创造的抗乳腺炎奶牛

转基因和克隆技术仍被认为是生命科学的两件重要利器。科学家们根据破译出的多个物种的基因组成果，协调使用转基因和克隆技术，能够培育出人类从来未敢想象的超级生物，这给医疗、传统农业甚至工业等多个领域带来了非常光明的曙光。

第五章

创造新个体的细胞操作

1.＿核质杂交　培育新种

绵羊"多莉"是世界上第一头成年体细胞克隆动物，但并不是最早的克隆动物。最早的克隆动物是用胚胎细胞进行克隆的。由于胚胎细胞具有发育成整个生物体的潜能在生物界早已形成共识，所以这种克隆动物的意义自然不能和"多莉"相比，但这种克隆方法为遗传育种提供了一条新思路。

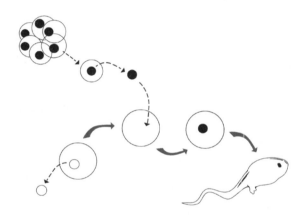

细胞核转移克隆蝌蚪

最早出现的克隆动物是什么呢？1952年，美国科学家Robert Briggs和Thomas King把早期的蝌蚪胚胎细胞核移植到去核的蛙卵细胞中，重新组合的细胞发育成了蝌蚪。这种克隆蝌蚪是与原版蝌蚪一样的复制品，引发了关于克隆的第一场辩论。蝌蚪是世界上第一种被克隆的动物，改写了生物技术发展史。

1960年和1962年，英国牛津大学的科学家先后用非洲一种有爪的蟾蜍（非洲爪蟾）进行过克隆试验。通过将爪蟾蝌蚪的肠上皮细胞、肝细胞、肾细胞中的核，放进已被紫外线破坏了细胞核的卵细胞内，经过精心照料，长出了活蹦乱跳的爪蟾。

1978年，中国著名生物学家童第周成功进行了黑斑蛙的克隆试验，他将黑斑蛙的红细胞的核移入事先除去了细胞核的黑斑蛙卵中，这种换核卵最后长成能在水中自由游泳的蝌蚪。

1979年春，中国科学院水生生物研究所的科学家用鲫鱼囊胚期的细胞进行人工培养，经过385天59代连续传代培养后，在显微镜下用直径10微米左右的玻璃管从培养细胞中吸出细胞核，然后注入去核后的卵细胞内，这样的换核细胞在人工培养条件下大部分夭折了，189个换核细胞中只有两个孵化出了鱼苗，而最终只有一条幼鱼经过80多天培养后，长成了一条8厘米长的鲫鱼。这种鲫鱼并没有经过性细胞的结合，仅仅是卵细胞换了个囊胚细胞的核，实际上是由换核卵产生的，是克隆鱼。

鱼类换核技术的成熟和两栖类换核的成功，使一批从事良种培育工作的科学家们激动不已，既然鲫鱼的囊胚细胞核取代鲫鱼卵细胞核后能得到克隆鱼，那么异种鱼换核能否得到新的杂种鱼呢？

中国科学家首先提出了这个问题，也首先解决了这个问题。中国科学院水生生物研究所的研究人员，设法用鲤鱼胚胎细胞的核取代了鲫鱼卵细胞的核。经过这样的重新组合后，鲤鱼胚胎细胞核居然能和鲫鱼卵细胞质相安无事，并开始了类似受精卵分裂发育的过程，最后长出有胡须的"鲤鲫鱼"，这种鱼生长快，很像鲤鱼，但它的侧线鳞片数和脊椎骨的数目则与鲫鱼相同，而且鱼味鲜美展开不亚于鲫鱼。

其实早在20世纪60年代，童第周和他的学生们就开始了对鱼类细胞核的移植研究。他们把一种鱼的囊胚细胞核移植到另外一种鱼的卵子里，研究移核鱼的发育情况和性状表现。这种核的搬运游戏在不同种、不同属和不同亚科的动物间均进行了尝试，结果表明不仅移核卵能顺利长成小鱼，而且得到的几种杂种鱼表现出了明显的杂种优势。从此，鱼类细胞核移植技术，成为培育具优良性状的杂种鱼的有效手段。目前，通过核质杂交技术培育出的新型经济鱼种，除了前面提到的鲤鱼核和鲫鱼质杂种鱼外，还有草鱼核和团头鱼质杂种鱼等，它们都表现了两种鱼的特点，并能遗传给下一代，为亲缘关系较远的动物之间的杂交育种开辟了一条新路。

但同样是利用胚胎细胞核进行克隆，为什么克隆出来的动物差别如此大呢？仔细分析会发现，克隆鱼也好，克隆两栖动物也好，都是同种生物的细胞核和细胞质交换，所以克隆出来的动物和提供细胞核的动物至少在外貌上是相似的，这种同种细胞之间的克隆可以用来繁殖。鲤鲫鱼就不同了，它是鲤鱼的胚胎细胞核在鲫鱼的卵细胞质里进行发育。虽然鲫鱼的卵细胞已经除去了核，但细胞质的线粒体中仍有遗传物质DNA，而且这些DNA里包含的基因与鲤鱼的基因不同；另一方面，在受精卵发育过程中，细胞核和细胞质是相互作用的，细胞质里含有一些调控细胞核基因表达的物质，由于鲫鱼细胞质和鲤鱼细胞质成分不同，对细胞核里基因所起的调节作用也必然不同，从而导致了不同的基因表达。这样，鲤鲫鱼具有了两种鱼的杂交性状。

2014年，中国科学院国家斑马鱼资源中心主任孙永华等报道了金鱼和鲤鱼的跨物种克隆及细胞质因素对克隆鱼发育的影响。尽管克隆鱼在长体型、2对触须、正常尾巴和正常眼睛等表面特征方面与提供细胞核的普通鲤鱼相似，但X线分析表明，克隆鱼的椎骨数属于金鱼的范围（28～30块），明显不同于普通鲤鱼的椎骨数（32～36块）。说明细胞质因素对克隆鱼发育是有影响的，因为细胞质里也有遗传物质（线粒体基因）。

传统上，核移植一直借助于显微装置进行。也就是用一种特制的微型吸管把细胞吸进去，靠着吸管壁的压力，把细胞膜挤破，然后把细胞核连同它外面包裹的一层细胞质一起注入受体细胞。受体大多是一个激活的动物卵细胞，因为卵细胞体积大，操作起来容易，而且通过发育可以把特性表现出来。在国外，科学家利用这种方法，把灰鼠交配得到的胚胎细胞核取出，注入到刚刚受精的去核黑鼠受精卵内，仅留下胚胎细胞核，将其移植到白鼠子宫内继续发育。最后，具有灰鼠核和黑鼠质的杂种问世了。

2004年，王新庄等报道了鼠兔核质杂交及早期胚胎发育研究，以2～8细胞期小鼠胚细胞为供体核，家兔卵母细胞为受体胞质，进行电融合，形成种间杂种胚胎。

除了细胞核可以进行移植外，细胞里其他细胞器是否可以移植呢？早在20世纪60年代，有人把菠菜的叶绿体移植到动物细胞的细胞质中，获得了一种绿色的动植物杂种细胞。这种细胞能进行正常分裂，叶绿体结构也保持完整。

科学家发现，生长在热带或亚热带地区的某些作物，比如甘蔗、玉米等，具有一种更为有效的二氧化碳固定途径，一般称为四碳途径。按照四碳途径进行光合作用的植物叫四碳植物。相应地，按照三碳途径进行光合作用的植物叫三碳植物，比如，水稻、小麦、棉花、大豆等。研究发现，四碳植物比三碳植物具有更高的光合效率。把一种植物的叶绿体移植到另一种植物中去，这种技术思路可以用来改良光合作用效率低的植物。

2014年，祁正汉等报道利用核质杂交技术培育成功水稻新品种，新品种的细胞核来自籼稻与粳稻各半，具有低育或不育、超高和延迟抽穗等特点。

2.___ 狮身人面　嵌合动物

埃及的狮身人面像，人们大概都不陌生，它是一座巨大的人脸和狮身的石质雕像。古埃及的法老为什么要建一个怪物放在陵墓前呢？大概是象征他的权力和威严，试想：狮子堪称兽中之王，人尚能凌驾于狮子之上，该是何等风光。

狮身人面像（埃及）

其实，狮身人面像并不是古埃及人的专利，在古希腊神话中也有狮身人面像，只不过古希腊的狮身人面像带翅膀、是女的，而且古希腊人还杜撰出了羊头狮身蛇尾的怪物。在其他国家以及中国的神话中也有蛇身人面的妖怪、鱼身人面的美人鱼。不管当初的杜撰者们是怎么想的，在今天的生物学家看来，这些怪物反映了人们对创造生命的追求。

随着生命科学的飞速发展，就像在植物中，通过土豆细胞和番茄细胞的融合可以创造出"两层楼作物"一样，一些经济动物体细胞之间的融合或许也可以创造出一些动物新种。生物学家称这些含有两个或两个以上物种的基因及其表现出来的性状的动物为嵌合体动物。

嵌合体动物是怎样创造出来的呢？它是把两种或两种以上的早期胚胎或胚胎组织聚集在一起，从而发育成动物个体。如用三种不同毛色的小鼠胚胎细胞聚集在一起，那么形成的嵌合体动物就有三种不同颜色的皮毛，其体内组织也由三种胚胎成分组成，这三种胚胎成分在功能上是协调的，但每种细胞都有自己的遗传特征。

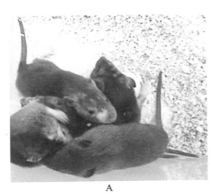 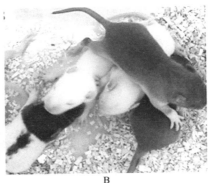

A B

嵌合体动物及其后代（见文后彩图）

（引自：Hongsheng Men, Elizabeth C.Bryda.Derivation of a germline competent transgenic fischer 344 embryonic stem cell line.PLoS One, 2013, 8(2): e56518）

A—嵌合体动物（面部有白色区域）；B—嵌合体动物的后代

　　以小鼠为例，培育嵌合体动物的办法有两种：一种是聚集法，即把发育到8细胞期的胚胎用蛋白酶或酸去掉透明带，这时候的胚胎细胞黏性增加，在37℃，用镊子把两个胚胎轻轻挤压，使之粘在一起，或把两个胚胎放在4%琼脂小井里，让两个胚胎紧密接触，然后放在恒温培养箱里培养，胚胎很容易包裹在一起，从而形成嵌合胚胎，由于动物是异养（即自身不能制造有机养料，必须摄取现成的有机养料来维持生存）的，胚胎必须种植在母体子宫里，从母体中获得营养才能生长发育，故要为这种组合胚胎寻找一位代理母亲，把胚胎植入其体内，让它在子宫里发育。另一种是胚泡注射法，即用妊娠4.5天的小鼠胚胎作为供体，取出内细胞团，用0.25%的胰蛋白酶消化成单个细胞，然后取3.5天的受体胚胎，放在显微操作台上，把供体的内细胞团注射到受体的胚泡腔，使细胞贴近内细胞团，内细胞团细胞表面黏性大，细胞很容易粘附其上，然后把这种嵌合的胚胎转移到作为代理母亲的小鼠子宫内。

这两种方法各有优缺点：前者简单，但嵌合效果差；后者复杂，但嵌合效果好。此外，用于制备嵌合体动物的胚胎最好具有容易辨认的遗传标记，比如，毛色、眼睛的颜色、耳朵的形状等。

实际上，嵌合体动物的培育始于20世纪40年代，当时尼克拉斯和霍尔试图培育大鼠嵌合体，可惜没有成功。1964年，托克威斯科培育了一个小鼠嵌合体，结果是死胎。到了1965年，Mintz终于第一个成功培育了小鼠嵌合体，从而使这一技术引起了发育生物学家们的广泛关注，许多科学家开始投入到这一研究领域中来。他们把两种不同动物的囊胚细胞融合在一起，获得了不少嵌合体动物。这些动物无论是各个器官的体细胞还是生殖细胞都包含了两种不同遗传特征的细胞，从而表现出嵌合体动物的特征，还能把这些特征再遗传给后代。

2014年，Mikkers等报道了培育带有人胰脏的嵌合体猪的方法。首先将基因修饰的猪体细胞（有别于生殖细胞）核移植到去核的猪卵母细胞中，并在体外发育成囊胚。再将人诱导性多能干细胞（iPS细胞）移植到囊胚中。人iPS细胞是一种干细胞，由人的健康体细胞通过基因改造而来。由于基因修饰的猪体细胞缺乏形成特定器官（这里是胰脏）的能力，特定器官的发育

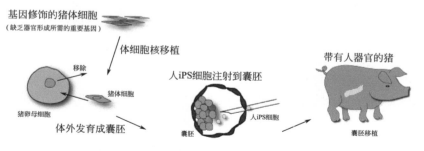

在嵌合体猪体内形成人器官

（译自：Mikkers HM, et al.Cell replacement therapies：is it time to reprogram?
Human Gene Therapy, 2014, 25(10): 866–874）

可由人 iPS 细胞完成。最后将囊胚植入代孕母猪体内，胚胎发育成熟后，产下的小猪就是带有人器官的嵌合体猪。

中国在嵌合体动物研究方面居世界先进水平。1987年，中国科学院发育生物所的陆德裕研究员领导的课题组，采用不同种类兔胚胎结合的方法，获得了3只嵌合体小兔。1992年，北京大学成功培育嵌合体小鼠。1993年，西北农业大学又成功培育嵌合体山羊。这些为中国今后应用嵌合体技术进行猪、牛等其他家畜的体细胞育种打下了良好基础。

2007年5月25日，世界第一只人兽混种绵羊在美国内华达大学 Esmail Zanjani 教授的实验室中诞生。这只含有15%人类细胞的混种羊，花费了该研究小组七年的时间。该项研究的目的是通过向动物体内植入人类的干细胞，培育出各种适宜于移植的器官，从而解决医学界移植器官短缺的问题。

2012年，《科学大观园》杂志报道了一只叫维纳斯的神奇的双面猫，它不仅在脸书（Facebook）上拥有自己的主页，而且它在 YouTube 上的短片也被数百万人观看。看到这只3岁黄褐色小猫的第一眼你就会立马明白它为什么如此火爆：它一半脸是纯黑色、绿色的眼睛，另一半脸却是典型的橙色虎斑条纹和蓝色的眼睛。研究人员对维纳斯两边不同颜色皮肤进行了 DNA 采样，结果表明，两边皮肤的 DNA 检测结果明显不同。

2014年，Nagashima 教授成功培育嵌合体猪。一只编号29的白猪全身却长满了黑色的猪毛，更重要的是，它身体内有一只黑猪的胰腺。原来，研究团队将一只黑猪的干细胞注入到白猪胚胎中，使得白猪胚胎中携带着发育动物胰腺指令的基因被"关闭"了。这项研究的终极目标是在猪体内培育人类器官，满足那些需要器官移植的人们的需要。

2016年，周琪等报道将食蟹猴胚胎干细胞诱导为类似原始态的多能干细胞，注入宿主桑椹胚后形成了嵌合体囊胚，将嵌合体囊胚移植到代孕母猴，发育成嵌合体胎儿。分析检测表明，食蟹猴胚胎干细胞参与了三个胚层和生殖细胞的分化发育。这项成果为研究干细胞的多能性提供了一个很好的灵长类动物模型。

还有一种雌雄嵌合体，主要分布在昆虫纲和蛛形纲动物中，如嵌合体螃蟹。雄性蓝蟹的螯是蓝色的，雌性蓝蟹的螯则为红色。2005年5月21日在美国弗吉尼亚州格温岛海域捕获的一只蓝蟹却与众不同，其一只螯蓝色，一只螯红色。弗吉尼亚海洋科学研究所的螃蟹专家称，这是一只雌雄嵌合体。上一次人们见到这样的螃蟹还是在1979年的史密斯岛海域。其他被发现嵌合体动物有嵌合体龙虾、嵌合体蝴蝶、嵌合体蜘蛛、嵌合体竹节虫、嵌合体鸡、嵌合体蛾类、嵌合体北美朱雀等，它们的数量非常稀少。这些嵌合体动物的出现主要与其发育过程中受到外界干扰或本身基因调控发生紊乱造成的。

嵌合体动物，一方面为生物学家研究胚胎发育以及发育过程中细胞和细胞之间的相互作用提供了理想模型，另一方面为培育优良的经济动物新品种或服务于临床提供了新途径。

3.＿＿ 胚胎移植　繁育良畜

一头母牛一年只能生一胎，一生最多也只能生育10头左右，然而其卵巢中含有多达75000个卵子，这样大量的卵就白白浪费掉了。对于一头高产奶牛，如果任其自然繁殖的话，如此低的繁殖效率未免让人觉得可惜。有没有办法提高良种动物的繁殖率呢？

众所周知，在良种动物的繁育过程中，必须要由优良的公畜提供精子、优良的母畜提供卵子，精子和卵子在母畜的生殖道内完成受精，然后在子宫里发育。实际上，决定动物发育成良种的遗传信息就包含在受精卵里，无论是否在良种母畜的子宫内发育，良种动物的后代都将是良种动物。对于良种动物的受精卵或是胚胎，即使是在平庸的母畜体内发育，分娩后产下的后代仍是良种动物。如果让平庸的母畜作代理母亲，承担起漫长的孕育过程，而仅仅让良种母畜提供受精卵或早期胚胎，就会大大提高良种动物的繁殖率。

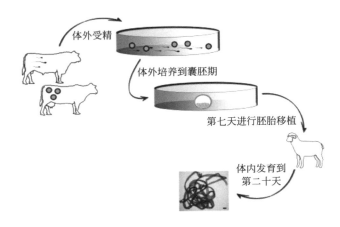

跨物种胚胎移植模型

（引自：Charles M.Strom, et al.The sensitivity and specificity of hyperglycosylated hCG（hhCG）levels to reliably diagnose clinical IVF pregnancies at 6 days following embryo transfer.Journal of Assisted Reproduction and Genetics, 2012, 29(7): 609-614）

这种良种母畜繁育策略称为胚胎移植，也就是俗称的"借腹怀胎""受精卵移植"，可跨物种进行，譬如将牛的胚胎移植到羊体内。利用激素处理，可使供体母畜一次排出几个甚至十几个卵子，排出的卵子受精后形成胚胎，然后在胚胎形成6～7天时将胚胎从供体母畜子宫中取出，再移植到与这头母畜同步发情的母畜生殖管道的特定部位，让其继续生长、发育，直到长成仔畜。当然，也可以把卵子从牛体内取出，进行体外受精，待培育成胚胎后，再送入母牛体内，分娩生出小牛。这样的小牛又叫试管牛。此外，胚胎移植也是胚胎生物工程的基础，比如体细胞克隆技术，在实验室得到克隆胚胎后，必须利用胚胎移植技术，将克隆胚胎移入受体，最终得到克隆动物。

最早进行胚胎移植实验的科学家是Walter Heape。1890年，他把4细胞期的安哥拉家兔胚胎移植到一只交配过的比利时野兔体内，顺利生下了2只安哥拉家兔。当时能够发明这样高水平的技术，是十分难能可贵的。到了20世纪30～40年代，科学家们又在牛、羊、猪、马等大家畜身上开始实验。1951年，在美国终于诞生了通过胚胎移植获得的牛犊。此后，胚胎移植技术走出实验室，并创造了相当可观的经济效益。

迄今，牛的胚胎移植技术已经在畜牧业生产中发挥了重要作用。在美国等国家，牛奶需求量的增加，刺激了高产奶牛繁殖速度的加快，胚胎移植技术已经成了广泛应用的技术，为这些国家的畜牧业生产带来了勃勃生机。在美国有60%～70%的奶牛是通过胚胎移植技术获得的。由于普遍采用了产奶量高的优质奶牛，美国奶牛的饲养量已经减少了一半以上。与此同时，各国的胚胎移植公司也如雨后春笋般发展起来。根据国际胚胎移植协会（IETS）对全球2010年胚胎移植数据的统计，2010年牛冲胚共104651头次，获可用胚732227枚，移植590561枚，其中鲜胚263036枚，冻胚327525枚，分别比2009年增长1%、4%、8%、13%和11%。由于IETS的统计数据还未能包括世界上所有的地区，这些数据比实际情况可能会低一些。目前，胚胎移植技术已成为畜物相关产业中最具活力的实用繁殖技术之一。

除牛之外，其他动物的胚胎移植术也获得了发展。1983年，在英国剑桥大学学习的一位台湾研究生，成功地移植了4个经试管受精的猪胚胎，顺利得到4只小猪，在世界上首次完成了难度很大的猪胚胎移植。2013年，刘伟等报道应用胚胎移植技术培育SPF级小鼠，这种小鼠由于不携带主要潜在感染和条件致病菌和对科学实验干扰大的病原体而成为国际公认的标准实验动物。2014年，江秀芳报道在江苏本地养殖户中开展山羊的胚胎移植工作，供受体羊均为当地主导品种徐淮白山羊，共移植56只，获得了43%的移植妊娠率。

还有一些科学家致力于利用胚胎移植技术挽救那些濒于灭绝的珍稀动物。1985年，英国伦敦动物园首次出现了一匹利用胚胎移植技术诞生的斑马，它是借普通马的肚子生出的。1987年，美国国家动物园宣布，用家猫作代理母亲，移植了一种濒于灭绝的珍贵猫的受精卵，顺利得到了3窝珍贵的小猫。2014年6月5日，新华社报道，在新疆特克斯县一匹纯种"汗血宝马"在新疆伊犁草原降生，不过新生马驹的"亲妈"与它没有任何血缘关系，只是普通的伊犁马。特克斯县畜牧兽医局党委书记、副局长孙军介绍，11个月前，专家们利用胚胎移植技术把"汗血母马"体内的胚胎取出，移植到6匹伊犁马的子宫内，并使之成功受孕。

中国在奶牛的胚胎移植方面已接近国际先进水平。1988年，从每头供体牛获得的可用胚胎平均数为4枚，新鲜胚胎移植受体牛受胎率平均为35%左右，冷冻胚胎移植牛受胎率为20%左右。后来，具有世界最优秀山羊品种美誉的波尔山羊胚胎移植技术也获得了突破。西北农林科技大学的科学家运用超数排卵技术，从一只供体波尔山羊的子宫中一次取出了46枚可用胚胎，然后顺利移植到了23只受体山羊子宫中。据主持这一技术项目的首席科学家窦忠英教授说，这是国内外同类研究与实践中取得的最新突破。可以算一笔账，如果利用激素做超数排卵，一次可排出10个卵子，其中6~7个能成为正常胚胎，移植到代理母亲子宫后，平均可长成3~4个胚。一头母羊一年可进行5次超数排卵，这样1年的产仔量可比自然情况下的产仔量提高15倍以上。2000年10月，位于内蒙古自治区锡林郭勒盟乌拉盖开发区的阿尔善农牧科技有限公司实施世界首例"万枚优质种羊胚胎移植工程"。为了进行这次特大规模的胚胎移植工程，屹昌科技集团和美国CCI集团两家外资企业第一期投入资金1亿多元人民币，在100多平方千米的内蒙古天然草场上建立了5万平方米的胚胎移植中心和饲养场。2003年4月8日，《光明日报》报道中国第一个良种羊胚胎移植工程实验基地在河北省临西县建成，使波尔山羊养殖成为该县一大支柱产业。2015年，阚向东报道在西藏地区利用胚胎移植技术繁育萨福克肉用绵羊种羊成功，促进了当地肉用羊产业发展。2016年，蔡周山等报道在凉州区27个乡镇推广胚胎移植技术，以西杂母牛为受体，共移植高产奶牛冷冻胚胎1796头，结果妊娠971头，平均妊娠率54.06%，繁活犊牛952头。

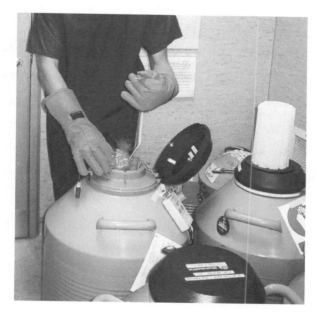

从液氮罐中取出冷冻胚胎

（引自：Peter Braude, et al.Assisted conception. Ⅲ—Problems with assisted conception.British Medical Journal, 2003, 327(7420): 920-923）

中国科学院遗传研究所曾和内蒙古三北种羊场合作，使用超数排卵技术，使一头7岁半的黑色三北羔皮羊一次排18个卵。这些卵受精后，移植到白色蒙古羊体内，结果产出了11头三北羔皮羊。近年来，胚胎移植水平进一步得到了提高，每头供体牛获得的可用胚胎平均数为5～9枚，新鲜胚胎移植平均受胎率为50%左右。不仅如此，中国在移植分割胚胎方面也小有成就。将胚胎分割成几块，再分别进行移植，可进一步扩大良种家畜的繁殖力。西北农业大学将牛胚胎一分为二，分别发育成两头牛犊。中国科学院遗传研究所则将牛胚胎一分为四，分别繁育成了四头牛犊。

由澳大利亚生物学专家和中国农业大学张忠诚教授率领的、15名生物工程博士、硕士和科研人员参加的工作组，利用"借腹怀胎"技术，采用先进的胚胎解冻等生物工程手段，将1万枚胚胎全部移植到当地羊的母体中，从而使整个工程圆满完成。进行移植的胚胎是由中国和澳大利亚专家利用中国的试管胚胎技术在澳大利亚实验室生产的，移植的胚胎品种包括绵羊品种萨福特、无角陶塞特、得克赛尔以及波尔山羊。它们具有个体大、成长快、产肉率高、肉味鲜美等特点。这些优质羊的胚胎将在当地母羊的腹中孕育、出生，从而迅速建立起适应当地自然环境的优良种群。

胚胎移植技术不仅应用于良种家畜的快速繁殖，在动物育种方面也有一席之地。比如，超级鼠、超级猪的培育。在体外进行遗传改造的转基因动物的卵子或早期胚胎，都要重新回到母体内才能正常生长发育，所以动物胚胎移植也是利用动物基因工程育种中不可缺少的一部分。

4.＿＿ 试管婴儿　解决不孕

我国自古就有"天伦之乐"之说，一家人聚在一起，其乐融融。然而，对于那些没有孩子的家庭来说，就享受不到这种乐趣了。

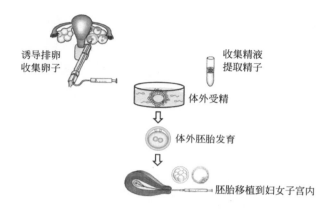

诱导排卵
收集卵子

收集精液
提取精子

体外受精

体外胚胎发育

胚胎移植到妇女子宫内

体外受精和胚胎移植过程

（编译自：Masakuni Suzuki.In vitro fertilization in Japan — Early days of in vitro fertilization and embryo transfer and future prospects for assisted reproductive technology.Proceedings of the Japan Academy, Ser. B, Physical and Biological Sciences, 2014, 90(5): 184–201）

　　中国中央电视台《实话实说》节目曾报道，家住辽宁盘锦的张秀荣和丈夫刘福金本来有一个幸福、美满的家庭，但天有不测风云，他们唯一的24岁儿子在车祸中丧生，夫妇俩痛不欲生。他们想再生一个孩子，可在此之前，张秀荣就已经做了双侧输卵管结扎术，而且已是人到中年，夫妇俩想靠自然受孕的方法根本无法实现生子的愿望。

　　1997年12月，夫妇俩怀着一线希望来到沈阳市的一家医院就诊。医生接诊了这对夫妇，听过他们的经历后，深表同情。为俩人仔细检查后，医生发现双方都具备良好的生育条件，建议他们实施科学助孕手术。夫妇俩当即表示同意。1998年1月17日，医生为张秀荣实施了手术。张秀荣成功妊娠，孕期一切正常。到了同年10月1日，张秀荣开始分娩了。

　　当日8时，张秀荣被送入产房做剖宫产手术。8时50分，一个胖乎乎、非常可爱的健康女婴诞生了。女婴重3900克，身长51厘米。她不是一个经过自然妊娠分娩的普通婴儿，而是一个试管婴儿，也就是靠体外受精和胚胎移植技术来到这个世界上的。张秀荣靠科学圆了再做母亲的梦，年近半百，喜得千金。刘福金难以掩饰心中的激动，更让他高兴的是，父女的生日竟是同一天，他高兴地给女儿起了个名字："同庆"。

这就是媒体报道的试管婴儿"同庆"的故事，其实天下有许多夫妇与"同庆"父母的遭遇类似。2003年，李女士因输卵管阻塞和多囊卵巢综合征在第四军医大学唐都医院生殖医学中心进行试管婴儿技术助孕治疗。当年8月，她成功取卵12枚，形成12枚胚胎，移植2枚，冷冻7枚。当月助孕成功，2004年产下一名体重2900克的健康男婴。剩下的7枚胚胎一直保存在唐都医院。2015年，李女士想通过冻融胚胎技术生二胎。经过一系列检查，她的身体条件适合再次接受试管婴儿技术助孕。经过胚胎解冻复苏后，7枚胚胎有3枚存活。医生从中选择2枚移植，成功助孕。2016年2月24日，也就是相隔12年后，40岁的李女士再次剖宫产下一名体重3440克的健康男婴。

据统计，目前有10%～15%的育龄夫妇患有不孕症，使双方感情十分紧张。当然，有些不孕症可通过药物或手术治愈，可对于一些复杂的不孕症患者，药物或手术就显得无济于事。另外，一些本来有生育能力的夫妇，因为忙于事业或其他原因年轻时不要小孩，等到年纪大了幡然醒悟时，发现为时已晚。

现代试管婴儿技术发展很快，已经到了第三代。试管婴儿的代数是根据技术的难易和操作的层次来划分的。

第一代试管婴儿技术，又叫体外受精联合胚胎移植技术，主要解决女性不孕，譬如，输卵管结扎或不畅等。它是通过人工方法提取父亲的精子和母亲的卵子，然后在体外受精，形成胚胎，再移植到母亲的宫腔内进行发育。

第二代试管婴儿技术，又叫卵细胞浆内精子注射技术，精子进入卵子是通过人工完成的，比第一代要难得多，主要解决男性不育，比如，男性无精、严重少精、弱精、精子畸形、阻塞性无精。它的技术难度主要在于寻找精子，有些男性患者精子极少，需通过对附睾和睾丸穿刺，寻找藏匿的少数精子，然后借助于显微操作将精子注射入卵子中，将受精卵在合适的体外条件下培养6天后，再移植到母亲的宫腔内。迄今江苏省已有7对夫妇通过这一高难度的技术获得第二代试管婴儿。

第三代试管婴儿技术，又叫胚胎移植前基因诊断，或胚胎筛选，主要解决优生，它的技术难度也更高。据科学家统计，目前能够通过父母遗传给子代的基因病、染色体病有8000多种，如血友病、镰刀状红细胞贫血症等，过去在女性怀孕4个多月时才能通过对羊水、绒毛穿刺检查，一旦确诊后引产，对女性生理、心理损害极大。

利用第三代试管婴儿技术取出卵子、精子，在体外受精形成多个胚胎，当每个胚胎长到8个细胞以上时，从每个胚胎中各取1～2个细胞，进行染色体或基因缺陷检查，将确认没有缺陷的胚胎植入宫腔内进一步妊娠，这样生出来的试管婴儿将免于各种遗传性疾病。

帕特里克·斯特普托（左）和罗伯特·G·爱德华兹（右）实施了世界首例人工授精手术
（引自：彭靖，卢大儒.试管婴儿技术的发展与探讨.自然杂志，2010, 32(6): 338-343）

自1978年7月25日，世界上第一个试管婴儿Louise Joy Brown在英国诞生，该技术的发明人罗伯特·G·爱德华兹（Robert Geoffrey Edwards）因此获得2010年诺贝尔生理学或医学奖。之后，试管婴儿培育便在各国雨后春笋般发展起来。1988年3月10日，中国首例试管婴儿郑萌珠在北京医科大学第三临床医学院（现北京大学第三医院）诞生。试管婴儿已经被越来越多的人所接受，据《天津日报》报道，全世界已有超过30万的试管婴儿出生。

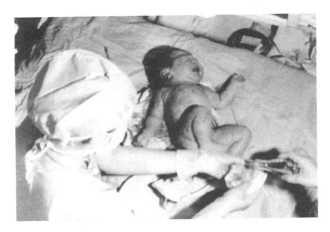

1988年3月10日，中国首例试管婴儿郑萌珠在北京医科大学第三临床医学院诞生
（引自：CFP. Celebrates 20th birthday. Women of China, 2008, 5: 47-49）

尽管试管婴儿已经越来越多地出现，但许多人心中仍有一种抹不去的阴影，认为试管婴儿不是夫妇双方自己的孩子，因此即便患有不孕症，也不愿让人知道自己要做试管婴儿。实际上，试管婴儿的卵子和精子都来自夫妇双方。从遗传学角度讲，试管婴儿和自然妊娠生下的婴儿一样，绝对是自己的孩子。

美国科学家最新的研究表明，试管婴儿有很大可能是有先天缺陷的，这是因为培育试管婴儿要通过一个很重要的过程，即在早期胚胎膜上利用激光或微型针钻一个小孔，以利于将试管培育的早期胚胎顺利地植入妇女的子宫中，然后才能实现怀孕。

瑞典的隆德医院通过测试也发现，试管儿童的智商要略低于普通儿童。这家医院的儿科专家在瑞典南部的斯科纳地区，对1986年到1992年出生的72名试管儿童进行了一次广泛的智商测试。结果表明，这些试管儿童的智商平均要比普通儿童低3.3%。专家们认为，造成试管儿童智商略低于正常儿童的一个主要原因是，他们中早产的比例高于正常儿童。在接受测试的72名试管儿童中，早产的比例高达30%。不过这次测试显示，试管儿童也有不少优点，比如自信心强和能讨父母的欢心等。因此，专家们认为，试管儿童完全能与正常儿童一样健康成长。

试管婴儿中的多胎现象十分突出。自然授精的双胎和多胎发生率较低，与单胎之比悬殊，双胎约为1/66，三胎为1/8000，三胎以上就更低了。试管婴儿双胎发生率为20.7%，三胎为4%，三胎以上为0.4%，这是试管婴儿使用促排卵药物——卵泡刺激素造成的。卵泡刺激素用量愈大，成熟的卵泡就愈多，这样就可达到一次取多个卵子受精、移植多个胚胎的目的。虽每次移植的胚胎数较多，但由于胚胎的生存力不同，子宫的环境不同，多数情况下只有一个胚胎成活。当移植的数个胚胎生命力都很强，子宫内膜发育也好，就会形成多胎。

试管婴儿男多女少，存在性别失衡现象。据2016年3月22日《光明日报》报道，中国农业大学田见晖教授的研究组发现利用体外受精技术培育的小鼠后，体外受精胚胎存在X染色体失活不足问题，推断这可能是导致试管婴儿性别失衡的主要原因。

随着中国男性不育和女性不孕人群的比例在逐年增长，将会有越来越多的家庭选择试管婴儿技术得到自己的"小宝宝"，但一定要注意尽量避免多胎和性别失衡，以便于优生优育，提高整个社会的人口素质。

5.___人工种子 技高一筹

利用植物的叶尖、茎尖等组织在试管里进行的快速无性繁殖技术，具有繁殖速度快、生产量大、可以避免植物病毒感染、不受季节和环境条件限制、适于工厂化生产等优点，因而在生产上得到了广泛应用，取得了可观的经济效益。这种试管苗的生产在技术上也存在一些缺陷，比如需要经过诱导生根、移栽锻炼、包装、储运等一系列复杂过程才能在生产上发挥作用。相反，人工种子在这方面具有很多优越性。

什么是人工种子呢？人工种子又称"人造种子""合成种子""体细胞种子"，是细胞工程中比较"年轻"的一项新兴实用技术，最初是由英国科学家Murashige在1978年第四届国际植物组织细胞培养大会上提出来的，并引起了学术界广泛关注。他认为利用体细胞胚发生的特征，把它包埋在胶囊中，可以形成种子的性能并直接在田间播种。这一设想引起了人们极大兴趣。1985年，日本学者Kamada首先将人工种子的概念进行延伸，认为使用适当的方法培养所获得的可发育成完整植株的分生组织（芽、愈伤组织、胚状体和生长点等）、可取代天然种子播种的颗粒体均为人工种子。1986年，Redenbaugh等成功地利用藻酸钠包埋单个体细胞胚，生产人工种子。1998年，中国科学家陈正华等将人工种子的概念进一步扩展为：任何一种繁殖体，无论是涂膜胶囊中包埋的、裸露的或经过干燥的，只要能够发育成完整植株的均可称之为人工种子。之后，人工种子在国内逐渐发展起来。2003年，杨连珍报道了香蕉人工种子的制备工艺。2010年，李爱贞等报道胡萝卜人工种子包衣材料的筛选。2016年，周宝珍报道铁皮石斛人工种子制作过程。

我们知道，天然种子是由种皮、胚、胚乳等部分组成的，其中胚是种子

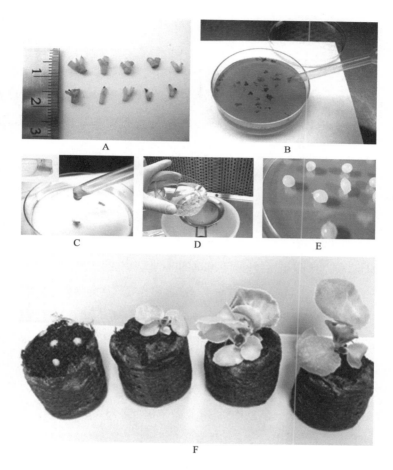

海棠试管苗的包衣、萌发和生长（见文后彩图）

A—从体外培养的海棠切下的试管苗外植体（长 4 ~ 8 毫米）；B—外植体浸入海藻酸钠溶液 2 分钟，然后分别吸入一支无菌的一次性吸管，里面有足够的海藻酸钠溶液供包衣；C—每一外植体/海藻酸钠结合体释放到含有 $CaCl_2 \cdot H_2O$ 的培养皿中，放置 30 分钟或 45 分钟；D—混合物倒入无菌培养皿，氯化钙从新形成的人工种子（包衣外植体）中消失了，然后用无菌水洗涤人工种子至少 3 次，以除去残留的 $CaCl_2 \cdot H_2O$ ；

E—人工种子倒入无菌培养皿；F—人工种子在土壤中萌发，逐渐长大。

（编译自：Sakhanokho HF.Alginate encapsulation of begonia microshoots for short-term storage and distribution.Scientific World Journal, 2013, 2013: 341568）

的关键，可以发芽，胚乳仅在胚萌发时提供营养。在植物组织培养中，由培养的一小块叶尖、茎尖、原生质体等形成的愈伤组织，可以诱发胚状体形成。胚状体具有极性，也就是说具备了芽和根的发育条件。与天然种子的胚虽然起源不同，功能却是相同的，种到土壤里以后，可以像天然种子那样萌发、生根、长成完整的植株。与种子中的胚是由生殖细胞发育来的不同，胚状体是由体细胞发育来的，故保持了原品种的优秀性状。

既然体细胞性质的胚状体具有再生完整植株的潜能，何不把它直接利用从而简化组织培养的操作过程呢？于是，科学家们想出了利用利用胚状体制备人工种子的理念。这项研究是从20世纪世纪80年代初开始的，经过30多年研究，现在已经有了一些成功经验。

其实，人工种子就是经过人工包裹的单个体细胞胚，结构与天然种子是相似的。作为人工种子，首先应该有一个发育良好的体细胞胚，也就是说，这个胚具有发育成完整植株的潜能。体细胞胚可以从组织培养或细胞培养中获得。光有胚还不行，胚萌发需要营养，因此还要有供给胚萌发所需营养的人工胚乳。在制造人工胚乳时，科学家们多了一个心眼，在人工胚乳中顺便加入了防病虫物质和植物激素等成分，这样可以保证将来的幼苗能够更快更健康地成长。另外，需要把体细胞胚和人工胚乳包裹起来，这就是人工种皮。它一般是用高分子材料制成的，可以保护体细胞胚和人工胚乳里的水分不至于散失，还可以防止外界物理因素的损伤。通过人工的办法把体细胞胚、人工胚乳和人工种皮这三个部分组装起来，便可创造出人工种子。

人工种子和天然种子在形态、功能等方面是相似的。在本质上，人工种子与用于快速繁殖的试管苗同源，都是无性繁殖的产物。这就决定了它有许多优越性。

人工种子的优越性表现在：第一，通过植物组织培养生产的体细胞胚具有数量多、繁殖速度快、结构完整的优点，对那些名、特、优植物有可能建立一套高效快速的繁殖方法；第二，体细胞胚是由无性繁殖方式产生的，一旦获得优良遗传性状，可以保持杂种优势，这样一些优秀的杂种种子就省去了代代制种的麻烦，可以大量地繁殖并长期加以利用；第三，对于一些不能通过正常有性繁殖方式加以推广利用的良种作物，比如三倍体植株、多倍体植株、非整倍体植株等，可通过人工种子技术在较短的时间内实现大量繁殖和推广；第四，通过基因工程技术和细胞融合技术获得的极少珍贵优良品种，也可以通过人工种子技术在短时间内快速、大量繁殖；第五，在人工种子制备过程中，可以加入某些营养成分、农药、激素和有益微生物，以促进植物的生长发育。

此外，由于人工种子是单细胞起源的，遗传性稳定，在制备过程中可进行多个层次的改造，比如导入外源基因，使发育出来的植株具有新的优秀品质；再如在胚状体外层加上农药、杀虫剂等化学物质，使发育出来的植株具有抗病性能。

人工种子可应用于快速繁殖、提高种子的发芽率以及简化像无籽西瓜这样的三倍体不育作物的复杂杂种过程等方面。目前，人工种子的开发已是硕果累累：国外已研制成功芹菜、莴苣、胡萝卜和花椰菜等的人工种子，诸如芹菜这样的人工种子已应用于生产，取得了经济效益；中国已研制成功水稻和芹菜等的人工种子，并可使人工种子在土壤中萌发和长成幼苗，从而为大田推广开辟了广阔前景。此外，在名贵花卉生产以及人工造林中，人工种子的优越性也十分明显。

正是由于人工种子在简化快繁技术程序、降低成本以及便于贮存、运输和机械化播种等方面表现出的优越性，人们普遍认为，它是一个优于试管苗的理想快速繁殖技术。

人工种子的使用可以节约大量的粮食。统计表明，中国每年种子的用量可达150亿千克，几乎可供近1亿人一年的口粮。而一株植物的嫩芽就可制出百万粒人工种子，可节约大量的粮食。

6.___ 多倍体　生物育种

人类体细胞的染色体有23组，其中22组常染色体，1组性染色体。性染色体决定着人类的性别。每一组常染色体由两条相同的染色体组成，性染色体也是两条，在女性是XX，在男性是XY。因此，人类的体细胞是二倍体。精子或卵子里的染色体数仅是正常体细胞的一半，所以它们是单倍体。但受精后形成的合子，由于精子和卵子的染色体合在一起，又变成了二倍体。这种二倍体的受精卵发育成胚胎。保证了人类体细胞里的染色体数永远是23对，否则就会患上遗传性疾病。

当然，自然界里也有少数动物例外，比如，昆虫中的蜜蜂，其雄蜂就是由单倍体的卵细胞发育来的。这是常态，它有正常的生活能

二倍体植株与单倍体植株比较

左为二倍体植株，染色体数为2n，植株高大，长势旺；右为单倍体植株，染色体数为n，植株矮小，长势差

（引自：Sundaram Kuppu, et al.Point Mutations in Centromeric Histone Induce Post-zygotic Incompatibility and Uniparental Inheritance.PLoS Genetics,2015, 11(9): e1005494）

力。一般来说，单倍体的个体比二倍体的亲代细弱，生活能力差，且不能生儿育女。多倍体就不一样了。三倍体及以上的生物体称为多倍体，不过在动物中十分罕见，而在植物中比较普遍。许多植物可以通过染色体加倍的方式形成新的物种。

多倍体植物的性状跟原来的二倍体植物往往有所不同。一般来说，四倍体的气孔、花、果实和种子要比二倍体大，叶肉较厚，茎秆较粗壮，代谢产物也有明显变化，比如四倍体的黄玉米中类胡萝卜素含量比原来的二倍体增加了43%，四倍体的番茄所含维生素C比普通二倍体高出大约1倍，三倍体甜菜的含糖量比二倍体增加14.9%。这些特性正是人类所需要的，所以植物的多倍化也是培育优良作物品种的重要途径。

**马铃薯（a，b）及紫花苜蓿（c，d）的二倍体（2×）和
四倍体（4×）植株外观比较（见文后彩图）**

a—四倍体马铃薯植株（4×）比二倍体马铃薯植株（2×）大；b—四倍体马铃薯叶子（4×）比二倍体马铃薯叶子（2×）大；c—四倍体紫花苜蓿花（4×）比二倍体紫花苜蓿花（2×）大；d—四倍体紫花苜蓿叶子（4×）比二倍体紫花苜蓿叶子（2×）大
（译自：Riccardo Aversano, et al.Molecular tools for exploring polyploid genomes in plants.International Journal of Molecular Sciences, 2012, 13(8): 10316-10335）

目前，多倍体育种主要有两条途径，一是通过原种或杂种染色体没有减数的生殖细胞受精后产生的，另一是通过原种或杂种生殖细胞结合成的合子或体细胞染色体数目加倍形成的。

什么因素可以促使染色体数目加倍呢？科学家研究发现，主要有三个方面：一是生物因素，如嫁接、远缘花粉处理、受精异常；二是物理因素，如温度骤变、放射线照射；三是化学因素，如化学药物处理。秋水仙素就是一种有效的染色体加倍剂。它的分子式是$C_{22}H_{25}O_6N$，为淡黄色粉末或针状结晶，能溶解于水、酒精，属于剧毒品。秋水仙素诱导形成多倍体的机制在于，阻止细胞分裂过程中纺锤体的形成。纺锤体是一种把染色体平均分配到两个子细胞中去的装置。一旦遭到破坏，复制后数目加倍的染色体便留在了一个细胞中。

多倍体有许多优势，但不是倍数越多越好。科学家研究发现，五倍体以上的植物失去了巨型效应，表现出了明显的衰退症状。多倍体育种主要是利用四倍体和三倍体。但三倍体植物无法"生儿育女"，也正是由于这个原因，造成了一些三倍体植物的果实无籽。香蕉是一个典型的自然形成的三倍体，它的果实里就没有种子。许多人吃过的无籽西瓜，它也是三倍体。

无籽西瓜是怎样培育的呢？我们知道，一般食用的西瓜是二倍体。把这种二倍体的西瓜用0.2% ～ 0.4%秋水仙素溶液处理后，就会得到染色体数量加倍的四倍体细胞。然后，以普通二倍体西瓜为父本、四倍体西瓜为母本进行杂交，就可以获得三倍体无籽西瓜的种子。把种子像普通西瓜那样在大田种植，就可以长出三倍体的无籽西瓜了。如果选择的品种得当，长出的西瓜大，含糖量也高。

多倍体育种也可以在亲缘关系相差较大的两种植物之间进行，比如，八倍体小黑麦的培育。小麦和黑麦是亲缘关系相差较远的两种植物，人工杂交时结实率很低。通过把小麦与黑麦进行杂交，再设法把获得的杂种染色体数加倍，就可以获得能结实的八倍体小黑麦。通过在中国西南边陲云贵高原的高寒地区种植，增产效果十分明显。

中国科学院南海海洋研究所成功培育了三倍体珠母贝，处理组培育出贝苗5万多只，三倍体的诱导率在胚胎发育初期为90%以上，贝苗三倍体占70%左右，生殖腺外观和组织学检查发现三倍体大小、体重和肉重显著超过二倍体，特别是第一极体形成的三倍体，其壳高、体重和肉重分别增加13%、44%和58%。南海海洋研究所的科学家还首次用三倍体珠母贝培育出了珍珠，育珠初步结果为三倍体脱核率减少10%，正圆珠增加21%，在一年的育珠期内，三倍体珍珠的珠层厚度和重量分别增加44%和55%。

桑树多倍体，特别是三倍体，有较好的经济性状。利用辐射处理可以把白桑系二倍体品种的染色体数目加倍，然后与二鲁桑二倍体杂交，从而培育出的人工三倍体的大中华桑树，具有长势旺、产量高、品质优、抗逆性强、可扦插、易成活等典型的三倍体桑树的优良经济性状。3年生中等密度栽培的大中华桑树，亩产叶量超过3000千克，与现有主栽的二倍体品种相比，增产30%以上，同时桑叶养的蚕茧质量也有所提高。

1997年，中国农业科学院甜菜研究所成功培育了"甜研单粒2号"多倍体甜菜杂交种，含糖15.4%，每公顷产糖5695千克。目前已经黑龙江省农作物品种审定委员会命名和推广。

2000年，世界首例异源四倍体鲫鲤鱼在湖南诞生。湖南师范大学生命科学学院和湖南湘阴东湖渔场一起，应用细胞工程与有性杂交相结合的综合技术，成功培育出全球首例遗传性状稳定且能自然繁殖的四倍体鱼类种群，并用这种四倍体鱼同二倍体鱼杂交，成功地培育出不育的三倍体鲫鱼（湘云鲫）和三倍体鲤鱼（湘云鲤）。由于这种鱼不会繁殖后代，三倍体鱼也称为环保鱼。它具有生长快、肉质好、可食率高、抗病性强、不育等优良性状的特点，目前已在全国20多个省市大规模推广养殖，形成了较大的产业规模，取得了显著的经济效益。同年10月，以中国著名的遗传育种专家朱作言院士、水生生物专家林浩然院士以及细胞生物专家翟中和院士为首的鉴定委员会认为，"这一成果标志着中国科学家在鱼类多倍体育种的理论和应用方面均取得了创造性的突破，居国际领先水平。"

2007年，湖南师范大学生命科学学院的刘少军等报道，用雌性二倍体红鲫鱼与雄性二倍体团头鲂杂交以及同它们的后代杂交获得了三倍体、四倍体、五倍体杂交鱼。相反，用雄性二倍体红鲫鱼与雌性二倍体团头鲂杂交则没有存活。获得的四倍体杂交鱼能自然繁殖，三倍体杂交鱼成为新的经济鱼种。

2013年，山西农业大学农学院的杨娜等，采用秋水仙素琼脂糖凝胶涂抹法，处理亚洲棉幼苗茎尖生长点，获得亚洲棉同源四倍体植株。2015年，廊坊师范学院生命科学学院的孔红等，利用不同浓度的秋水仙素溶液处理非洲凤仙扦插苗，获得了同源四倍体，在形

红鲫鱼（二倍体，雌性）与团头鲂（二倍体，雄性）杂交以及同它们的后代杂交产生的多倍体鱼

A—三倍体杂交鱼，不能自然繁殖，环保鱼；
B—四倍体杂交鱼，能自然繁殖；
C—五倍体杂交鱼，不能自然繁殖
（引自：Liu Shaojun, et al. The formation of the polyploid hybrids from different subfamily fish crossings and its evolutionary significance. Genetics, 2007, 176(2): 1023-1034）

态学和细胞学上与二倍体具有明显差异。2016年，杨凌职业技术学院生物工程分院的杨振华利用秋水仙素处理甘草萌动的种子，进行多倍体育种。

多倍体育种这一技术虽然二十世纪初就有了，但至今仍在广泛应用。世界各国利用这种方法创造了不少新品种。除了上面提到的多倍体新品种外，其他三倍体新品种有高大的三倍体山杨、体重是普通螃蟹3倍以上的三倍体螃蟹等。四倍体新品种有含胶量高的四倍体橡胶草、四倍体葡萄、四倍体饲料用芜菁等。

多倍体育种的潜力还很大，随着时间推移，还会有越来越多的多倍体新品种出现。

第六章

方兴未艾的细胞移植治疗

1.___ 干细胞　生命之源

　　干细胞中的"干"是"树干""起源"的意思。树枝、叶子、花、果实等都是从树干发育分化来的，树干是它们的起源。干细胞是其他所有细胞（如肌肉细胞、神经细胞、脂肪细胞等）的来源，从这个角度讲，干细胞是当之无愧的"生命之源"。

　　干细胞是怎么被发现的呢？这要追溯到1867年，德国实验病理学家Julius Friedrich Cohnheim在研究伤口炎症时发现了干细胞，并首次提出骨髓干细胞概念。

　　1974年，Alexander Friedenstein及其同事第一次从骨髓中分离出了这种干细胞，证实它与大多数骨髓来源的造血细胞不同，可快速贴附到体外培养容器上，能产生纤维细胞样克隆，在体外培养中呈旋涡状生长，具有自我复制更新能力。Friedenstein及

最初发现干细胞的德国实验病理学家：

Julius Friedrich Cohnheim

（引自：Philippe Hernigou.Bone transplantation and tissue engineering, part Ⅳ . Mesenchymal stem cells : history in orthopedic surgery from Cohnheim and Goujon to the Nobel Prize of Yamanaka.International Orthopaedics, 2015, 39(4): 807-817）

其同事还证实，每个干细胞可形成不同的克隆，并且干细胞增殖数与集落数之间有线性关系。每个干细胞就是一个成纤维细胞样集落形成单位（colony-forming unit fibroblast，CFU-F），可用染色体标志物、^{3}H-胸腺嘧啶核苷标记、延时照相和泊松分布统计来进行研究。Friedenstein鼓励其他科学家和医生进行干细胞移植应用，治疗一些重大疾病。

首次分离培养了间充质干细胞的科学家：Alexander Friedenstein
（引自：Philippe Hernigou.Bone transplantation and tissue engineering, part Ⅳ.
Mesenchymal stem cells; history in orthopedic surgery from Cohnheim and Goujon to
the Nobel Prize of Yamanaka.International Orthopaedics, 2015, 39(4): 807-817）

1991年，Arnold Caplan将这种骨髓细胞正式命名为"间充质干细胞"（mesenchymal stem cell，MSC）。他认为，这种骨髓来源的间充质干细胞具有分化为骨、软骨、肌肉、骨髓基质、肌腱/韧带、脂肪和其他结缔组织的潜能。2005年，国际细胞治疗协会宣布，首字母缩写词"MSC"为多潜能间充质基质细胞。所以，骨髓间充质干细胞有时也称为"骨髓基质细胞"。

正式命名骨髓间充质干细胞的科学家：Arnold Caplan

（引自：Philippe Hernigou.Bone transplantation and tissue engineering，part Ⅳ.
Mesenchymal stem cells: history in orthopedic surgery from Cohnheim and Goujon to
the Nobel Prize of Yamanaka.International Orthopaedics, 2015, 39(4): 807-817）

干细胞真正的研究开始于20世纪60年代。1963年，加拿大科学家
McCulloch和Till首次证明血液中存在干细胞，并发现造血干细胞能分化成
数百种不同类型的人体组织细胞。1981年，Kaufman和Martin从小鼠胚泡内
细胞群分离出胚胎干细胞，并建立了胚胎干细胞适宜的体外培养条件，培育
成干细胞系。进入21世纪，干细胞研究应用受到极大重视，成为各大媒体竞
相报道的对象。

什么是干细胞呢？可以下一个比较严谨的定义：干细胞就是一类具有自
我复制更新和多向分化潜能的原始细胞群体。这个定义有两层意思：一是
说，干细胞具有自我更新复制能力，或者说，干细胞能够自我繁殖产生新的
干细胞；二是说，干细胞能够分化成其他细胞，进而形成组织、器官乃至个

体。譬如说，干细胞能够分化成具有搏动功能的心肌细胞，或者分化成具有分泌胰岛素功能的胰岛细胞。所以说，干细胞是一类年轻的细胞，没有成熟。

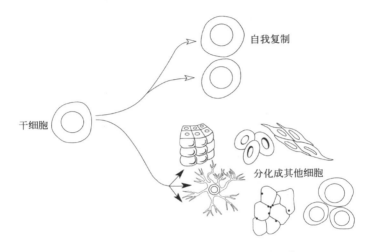

干细胞是能自我复制和分化为其他细胞的细胞

干细胞是一个大家族，它的种类很多，分类方法也有多种。以下介绍两种主要分类方法。

按照分化潜能，干细胞分为全能干细胞、亚全能干细胞、多能干细胞和单能干细胞四种类型。也有人分为三种类型，即全能干细胞、多能干细胞和单能干细胞。但分为四种类型可能更科学一些。现在介绍一下这四种不同的干细胞。

第一种是全能干细胞。这是最"厉害"的干细胞，也是唯一能发育成整个个体的干细胞。它能增殖分化成所有组织器官的细胞，并能形成完整个体。这种干细胞哪里有呢？可从受精卵到卵裂期32细胞前的细胞分离，这些细胞都是全能干细胞，也是全能干细胞的主要来源。此外，生殖细胞也是全能干细胞。

第二种是亚全能干细胞。它的发育分化能力仅次于全能干细胞。它能参与向三个胚层多系统分化为成熟组织细胞，如皮肤、神经、肺、肝脏组织、造血细胞、肌肉细胞、成骨细胞等，实现机体多种组织病变或损伤的再生修复与功能重建。胚胎干细胞是从早期胚胎中分离出来的一类干细胞，它可以发育成为外胚层、中胚层、内胚层的任何细胞，但不能独自发育为一个完整的个体，所以是亚全能干细胞。诱导多能干细胞，又叫 iPS 细胞，是把 *Oct3/4*、*Sox2*、*c-Myc* 和 *Klf4* 这四种转录因子基因克隆入病毒载体再引入小鼠成纤维细胞后诱导产生的，这种细胞在形态、基因和蛋白表达、表观遗传修饰状态、细胞倍增能力、类胚体和畸形瘤生成能力、分化能力等方面都与胚胎干细胞相似，所以也应是亚全能干细胞。

第三种是多能干细胞。多能干细胞具有分化出多种细胞组织的潜能，但失去了发育成完整个体的能力，也不能发育分化成全部三个胚层的组织器官，发育潜能受到进一步的限制。骨髓造血干细胞就是典型的例子，它可分化出至少十二种血细胞，但不能分化出造血系统以外的其他细胞。

第四种是单能干细胞。单能干细胞也称专能干细胞、偏能干细胞。这类干细胞只能向一种类型或密切相关的两种类型的细胞分化，如上皮组织基底层的干细胞、肌肉中的成肌细胞。单能干细胞是发育分化潜能最低的干细胞，自我更新能力较差。

从理论上讲，全能干细胞可分化为亚全能干细胞、多能干细胞、单能干细胞，亚全能干细胞可分化为多能干细胞、单能干细胞，多能干细胞可分化为单能干细胞，所以在发育分化潜能上，全能干细胞级别最高，单能干细胞最低。

按照来源，干细胞分为胚胎干细胞和成体干细胞两类。

胚胎干细胞是从早期胚胎（原肠胚期之前）或原始性腺中分离出来的一

类细胞，它具有体外培养无限增殖、自我更新和多向分化的特性。无论在体外还是体内环境，胚胎干细胞都能被诱导分化为机体几乎所有的细胞类型。胚胎干细胞研究一直是一个颇具争议的领域，支持者认为这项研究有助于根治很多疑难杂症，因为胚胎干细胞可以分化成多种功能细胞，被认为是一种挽救生命的慈善行为，是科学进步的表现。反对者则认为，进行胚胎干细胞研究就必须破坏胚胎，而胚胎是人尚未成形时在子宫的生命形式，有伦理问题。

成体干细胞存在于机体的各种组织器官中，来源于脐带血、骨髓和成体器官组织等，如间充质干细胞、造血干细胞、神经干细胞、脂肪干细胞、皮肤干细胞、毛囊干细胞、角膜缘干细胞等。成体组织器官中的成体干细胞在正常情况下大多处于休眠状态，在病理状态或在外因诱导下可以表现出不同程度的再生和更新能力。

正是由于各种不同的干细胞具有发育分化为其他细胞、组织、器官的能力，医学上把干细胞称为万用细胞，用来治疗一些疑难杂症、进行组织器官修复或重建、抗衰老以及美容等。

2. —— 干细胞库 生命银行

白血病俗称"血癌"，中国城乡居民患病率为3.82/10万，在恶性肿瘤致死率中排名第六，男性高于女性，城市略高于农村，在儿童和青少年中发病率和死亡率更高，严重危害了人类健康。白血病的有效治疗方法是骨髓移植，但骨髓来源有限，且价格昂贵。于是，人们事先把自己骨髓储存起来，以备将来使用。这种专门储存骨髓的机构叫骨髓库。

人类干细胞库（广东省赛莱拉干细胞研究院）

世界骨髓库（Bone Marrow Donors Worldwide，BMDW）建立于1994年，总部位于荷兰莱顿市。它是一个志愿组织，各国骨髓库都可自愿参加，旨在消除跨国查询、捐献和移植的障碍，让各国骨髓库交流、讨论和共同发展。最大的为美国骨髓库（National Marrow Donor Program，NMDP），总部设在明尼苏达州的明尼阿波利斯市，1986年成立，至今已有700多万名志愿者，捐献方式有骨髓捐献和外周血造血干细胞捐献，每年的捐献量为4000多例。其次为德国骨髓库（DKMS），有360多万名志愿者，每年有3000多例捐献。中华骨髓库（China Marrow Donor Program，CMDP）目前是继美国、德国、巴西之后的世界第四大骨髓库，其前身是1992年经卫生部批准建立的"中国非血缘关系骨髓移植供者资料检索库"，2001年12月中央编办批准成立中国造血干细胞捐献者资料库管理中心，在全国建立了31个省级分库（不含港澳台）。根据中华骨髓库网站发布信息，截至2016年5月31日，中华骨髓库库容为2203939人，累计有5695名志愿者为患者捐献了造血干细胞。造血干细胞是存在于造血组织——骨髓中的一类干细胞，可以分化成其他各种类型的血细胞，如红细胞、白细胞、血小板等。

储存干细胞的液氮罐

奇怪，不是骨髓库吗？怎么还捐献造血干细胞？

是的，骨髓库又叫造血干细胞捐献者资料库，也接受造血干细胞捐献。原来，随着医学发展，研究人员发现，白血病治疗中有效成分主要是骨髓中的造血干细胞，也有极少量的间充质干细胞起作用，所以可从骨髓中直接分离纯化出造血干细胞用于临床治疗白血病。这样做的优点是：①减少了外源骨髓发生免疫排斥反应的可能，提高了移植成功率，这是因为骨髓成分复杂，外源骨髓中许多成分移植后都可引发免疫排斥反应；②造血干细胞移植不需要像骨髓移植那样配型，简化了临床操作程序，因为造血干细胞是一类原始细胞，免疫原性弱；③骨髓来源极为有限，造血干细胞来源就丰富多了，提供了更多临床选择。婴儿一出生，可以从脐血或胎盘中提取造血干细胞，进行保存。脐血或胎盘中的造血干细胞数量大、活力强，又是"废物"利用，不用也是作为医疗垃圾丢弃。成人的外周血或骨髓也可提取造血干细胞，但是会有一定痛苦，而且从成人中提取的造血干细胞活力相对弱。这些来源的造血干细胞，无论是自体的还是同种异基因的，都可用于临床造血干

临床级干细胞制备与储存中心

用于干细胞产品生产的GMP厂房

细胞移植治疗白血病。

移植造血干细胞费用昂贵，一般家庭难以承受。但由于白血病发病具有不可预见性，谁也不知道将来会不会得白血病。这就像去银行存钱，可以事先把自己的造血干细胞存起来，需要时再取出来。为了预防万一，许多家庭选择在孩子一出生时就把脐带造血干细胞储存起来。

脐带造血干细胞库，简称脐血库，是专门提取和保存脐带血造血干细胞，并为需要造血干细胞移植的患者储备资源和提供干细胞配型查询的特殊机构。

迄今为止，全世界已有超过150家脐血库，其中欧洲占40%，北美洲占30%，亚洲占20%，大洋洲占10%。美国是建设脐血库最早的国家，1993年鲁宾斯坦（Rubinstein）在纽约血液中心建立了全球第一个公共脐带血库，目前已有32家自体脐血库和31家公共脐血库。据统计，美国每年储存约500000份脐血，约占新生婴儿2.6%。欧洲脐血库建设也比较早，目前欧洲拥有世界上最多数量的脐血库，有超过29家自体脐血库和50家公共脐血库。日本第一家脐血库成立于1994年，1999年成立了脐血库联盟，目前该联盟已保存了超过20000份脐血。中国脐带血库始建于1998年，目前分布于北京、天津、上海、广东、四川、山东、浙江，更多省、市脐血库在筹划与建设中。中国台湾地区脐血库发展很快，目前拥有10个脐血库。

像骨髓库、脐血库这样负责储存干细胞的机构称为干细胞库，因为与银行业务类似，又叫"生命银行"。但与银行不同的是，银行存钱有利息，干细胞库存干细胞不仅没有利息，还要交保管费。对于客户来说是花钱买保障，以备不时之需，当然也可能永远用不上，从这一点讲，干细胞库的业务功能又与保险公司类似。

干细胞种类繁多，干细胞库也有很多种。根据制备储存的干细胞种类和来源不同，干细胞库可以分为骨髓库、脐血库、胚胎干细胞库、胎盘干细胞库、诱导多能干细胞库、间充质干细胞库、乳牙牙髓干细胞库、综合干细胞库等。根据提供方式和应用对象不同，干细胞库分为公共库和自体库。公共库所储存的干细胞是他人捐赠的干细胞，以满足需要移植但自体干细胞没有保存的患者需要；自体库则是储存自身干细胞，供自己使用。

丰富多样的干细胞库，为疾病治疗和人类健康提供了一些保证。

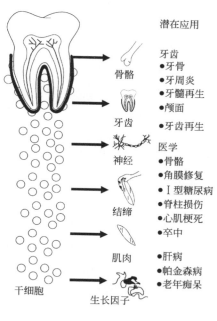

潜在应用

牙齿
●牙骨
●牙周炎
●牙髓再生
●颅面
●牙齿再生

医学
●骨骼
●角膜修复
●Ⅰ型糖尿病
●脊柱损伤
●心肌梗死
●卒中
●肝病
●帕金森病
●老年痴呆

牙髓干细胞

3. ＿＿ 干细胞 生物药物

在人体内，干细胞能够诱导转化为其他功能细胞，从而修复或再生机能障碍及缺失的组织器官，达到治疗疾病的目的。干细胞作为药物，具有副作用小、安全等优点，能够取得其他治疗方法难以达到的治疗效果，国外已有数种干细胞新药上市。

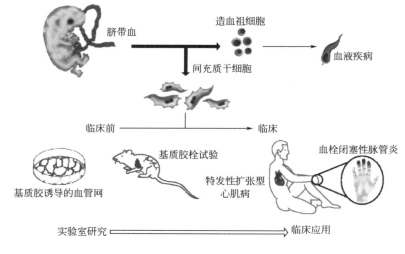

脐带血　造血祖细胞　血液疾病

间充质干细胞

临床前　临床

基质胶诱导的血管网　基质胶栓试验　血栓闭塞性脉管炎

特发性扩张型
心肌病

实验室研究　临床应用

脐带血间充质干细胞治疗心血管疾病

（编译自：Santiago Roura, et al.Impact of umbilical cord blood-derived
mesenchymal stem cells on cardiovascular research.
BioMed Research International, 2015, 2015: 975302）

但受到伦理因素限制，许多企业无法利用人类胚胎干细胞开发干细胞疗法，或研发的疗法很难获得批准。由于这个原因，人成体干细胞药物的研发越来越受到重视，并取得了显著成果。

2011年，人成体干细胞占整个干细胞市场80%以上。成体干细胞收集过程操作简单，培养过程中污染的概率小，和人类胚胎干细胞比起来，人成体干细胞不存在道德问题，而且人成体干细胞疗法不需要遗传学上的操作，用药安全。

人成体干细胞最大的优势是基因组非常稳定，其中间充质干细胞来源较丰富，从骨髓、脂肪组织、表皮、血液等组织中均可以分离得到，可生成骨、软骨、脂肪、血液细胞的前体细胞和纤维结缔组织，更具有广阔的发展前景。由于这些原因，间充质干细胞已成为再生医学业界在短期内开发商业产品的最佳选择。

异源细胞治疗产品已经被用于移植物抗宿主病、骨髓移植以及糖尿病性溃疡。更重要的是，异源间充质干细胞疗法目前已进入退行性适应证（类风湿关节炎、糖尿病、缺血性心脏疾病、骨关节炎和肌肉损伤等）治疗的临床Ⅱ期、Ⅲ期阶段。

美国Osiris治疗公司主要从事从成人骨髓中获取间充质干细胞的研究。目前，该公司的产品已经证实具有修复不同种类组织的能力，并为多种疾病，如炎症性疾病、心脏病、糖尿病和关节炎等的创新疗法的开发提供了机遇。

Osiris治疗公司已经开发出两种相对成熟的干细胞产品——Prochymal和Chondrogen，并进行了大量的临床试验。Prochymal是来自骨髓的成体间充质干细胞，具有控制炎症、促进组织再生并阻止疤痕形成的作用。目前，Prochymal在4种疾病治疗中进入或已经完成了Ⅲ期临床试验，包括移植物抗宿主病和克罗恩病。该药也能够用于心脏病发作后的心肌组织修复，保护患Ⅰ型糖尿病患者体内的胰岛细胞，以及为患有肺部疾病的患者进行肺部组织修复。Prochymal在Ⅰ型糖尿病治疗中的效果和安全性已经得到美国食品药品管理局的认可。2010年5月4日，美国食品药品管理局授权Prochymal进入Ⅰ型糖尿病的临床治疗中。Chondrogen主要用于治疗关节炎类疾病，目前利用这种药物进行膝关节炎治疗的Ⅰ期临床试验已经完成，临床Ⅱ期试验正在进行中。

美国StemCells公司已经开发出人类神经干细胞。该公司的产品hCNS-SC是一种分离自胎儿脑部的高度纯化的人类神经干细胞，临床前试验证实，这种细胞可以直接移植进入中枢神经系统中，能够分化为神经元和神经胶质细胞，能够在体内存活长达一年的时间，而且不会形成肿瘤或发生任何副反应。2009年1月，美国StemCells公司完成了该产品治疗神经元蜡样脂褐质症的Ⅰ期临床试验。2009年11月，该公司又开展了hCNS-SC治疗家族性脑中叶硬化，影响幼儿的髓鞘异常疾病的Ⅰ期临床试验。该公司还在开发用于治疗阿尔茨海默病和年龄相关黄斑变性的干细胞疗法产品。

由于心血管疾病市场大，开发干细胞在心血管疾病中的应用是研发重点。未来，可能有多个间充质干细胞产品将获得批准。美国Bioheart公司已经开发出两种修复心脏损伤的细胞产品，其中，MyoCell是一种肌肉干细胞，能够在患者发生严重心脏损伤几个月或几年后，改善其心脏功能。澳大利亚Mesoblast公司的骨髓间充质干细胞产品已进入Ⅲ期临床试验，为脐带血造血干细胞疗法产品，用于治疗心梗。美国Baxter公司的心肌内注射自体造血干细胞，已进行Ⅲ期临床试验，用于提高难治性慢性心肌缺血患者的心肌血流量，减少心绞痛发作。目前的研究结果表明，该产品能修复心脏组织，增加血流量，减少心绞痛发作，并使患者能够适当锻炼。

美国ACT公司目前主要关注3个领域，即视网膜色素上皮细胞、成血管细胞和成肌细胞的重建。在成血管细胞研究领域，ACT公司目前正在进行临床前试验，旨在治疗心血管疾病、卒中和癌症。目前，该公司已经成功利用人类胚胎干细胞获得血管内皮细胞，并成功用于血管修复。成肌细胞研究领域是ACT公司从2007年开始开展的。2007年9月，ACT公司收购了Mytongen公司，同时接手了心脏衰竭疗法开发的项目。该项目主要利用干细胞获得成肌细胞，从而对心脏衰竭造成的心脏损伤进行修复。除了上述已经获批的干细胞药物和产品外，处于临床中后期的干细胞药物和产品还有以色列Gamida Cell公司的StemEx，这是一种异基因干细胞产品，用于白血病和淋巴瘤治疗。今后，白血病患者将可以利用自己的干细胞来进行骨髓移植，而不需要再花费巨大代价去配型，所以也被视为即取即用的治疗。

正在研发的部分干细胞药物

产品	产品描述	适应证	开发阶段	公司
GRNOPC1	少突胶质细胞祖细胞	脊髓损伤	I期	Geron公司
GRNCM1	心肌细胞	心脏病	临床前	
GRNIC1	胰岛细胞	I型糖尿病	研究	
GRNCHND1	软骨细胞	骨关节炎	研究	
	干细胞	ADME药物筛选	研究	
GRNVAC1/ GRNVAC2	成熟树突状细胞	肿瘤免疫治疗	研究	
	未成熟树突状细胞	免疫排斥	研究	
Osteoblasts	成骨细胞	骨质疏松	研究	
Prochymal	骨髓间充质干细胞	激素抵抗的急性移植物抗宿主病	III期	Osiris公司
		急性移植物抗宿主病的一线治疗	III期	
		难治性克罗恩病	III期	
		I型糖尿病	III期	
		急性心肌梗死	II期	
		肺疾病	II期	
		急性放射综合征	III期（Animal Rule）	
Chondrogen	间充质干细胞	骨关节炎和软骨防护	II期	
Osteocel-XC	间充质干细胞	局部骨再生	临床前	
Provacel	间充质干细胞	心肌损伤	I期	

续表

产品	产品描述	适应证	开发阶段	公司
ReN001	中枢神经干细胞	卒中	I 期	ReNeuron公司
ReN009	中枢神经干细胞	外周动脉疾病	临床前	ReNeuron公司
ReN003	中枢神经干细胞	视网膜致盲性疾病	临床前	ReNeuron公司
HuCNS-SC	中枢神经干细胞	神经元蜡样脂褐质症 家族性脑中叶硬化	I 期 I 期	StemCells 公司
MyoCell®	肌肉干细胞	II 级/III 级心脏衰竭	II 期/III 期	Bioheart 公司
Osteocel® Plus	间充质干细胞	肌肉骨骼缺陷	III 期	NuVasive 公司
MA09-hRPE	人胚胎干细胞	隐性黄斑营养不良	美国食品药品管理局 批准临床试验	Advanced Cell Technology公司
成肌细胞	人胚胎干细胞	心脏衰竭	III 期	Advanced Cell Technology公司
AMR-001	造血干细胞	ST 段抬高型心肌梗死	II 期	NeoStem 公司
Ixmyelocel-T	来自骨髓的自体细胞	严重肢体缺血和扩张型心肌病	III 期	Aastrom公司
C-Cure	间充质干细胞	心力衰竭	II/III 期	Cardio 3公司

近年来，中国已有不少药企和科研单位尝试研发干细胞药物。根据国家食品药品监督管理总局网站提供的信息，有些药物已进行临床研究。2014年3～4月份，中国医学科学院基础医学研究所进行的骨髓间充质干细胞对预防急性移植物抗宿主病的研究，完成了非随机化和随机化Ⅱ期临床试验，适应证针对恶性血液病和移植物抗宿主病。河北贝特赛奥生物科技有限公司的"间充质干细胞心梗注射液"Ⅰ期临床试验也于2011年完成，对干细胞治疗心梗的安全性和有效性进行了初步评估，适应证包括急性心梗恢复期心功能不全的患者，但国家食品药品监督管理总局对国内药企申报的干细胞药物临床试验比较谨慎，相关研究报批进程仍较为曲折。尽管如此，未来几年会有干细胞新药上市应无悬念。

干细胞药物研究至今，国外已有多种干细胞新药上市，并有不少新药处于Ⅲ期临床研究阶段。已批准上市的部分干细胞药物举例见下表。

已批复上市的部分细胞药物

国家和地区	时间	商品名／公司	来源	适应证
欧盟药品管理局	2009.10	ChondroCelect（比利时 TiGenix 公司）	自体软骨细胞	膝关节软骨缺损
美国食品药品管理局	2009.12	Prochymal（Osiris 公司）	人异基因骨髓来源间充之干细胞	GVHD和Crohn病
澳洲治疗商品管理局	2010.07	MPC（Mesoblast 公司）	自体间质前体细胞产品	骨修复
韩国食品药品管理局	2011.07	Hearticellgram-AMI（FCB-Pharmicell 公司）	自体骨髓间充质干细胞	急性心梗
美国食品药品管理局	2011.11	Hemacord（纽约血液中心）	脐带血造血祖细胞用于异基因造血干细胞移植	遗传性或获得性造血系统疾病
韩国食品药品管理局	2012.01	Cartistem（Medi-post 公司）	脐带血来源间充质干细胞	退行性关节炎和膝关节软骨损伤

国家和地区	时间	商品名／公司	来源	适应证
韩国食品药品管理局	2012.01	Cuepistem（Anterogen公司）	自体脂肪来源间充质干细胞	复杂性克罗恩病并发肛瘘
加拿大卫生部	2012.05	Prochymal（Osiris公司）	骨髓干细胞	儿童急性移植抗宿主疾病（GVHD）
欧盟药品管理局	2015.02	Holoclar（意大利Chiesi Farmaceutici公司）	角膜上皮细胞（含干细胞）	成年患者的中度至重度角膜缘干细胞缺陷处理

在干细胞新药研究领域，我国虽然与国外仍存在差距，但中国科学家已紧紧跟上了国际先进技术的脚步，并成为某些领域的领先者。

估计未来人们可以用自身或他人的干细胞、干细胞衍生组织和器官替代病变或衰老的组织和器官，并可以广泛用于治疗当前医学方法难以医治的多种顽症，如白血病、淋巴瘤、恶性贫血、早老性痴呆、帕金森病、糖尿病、肝硬化、卒中和脊髓损伤等一系列目前尚不能治愈的严重疾病。

4.＿＿干细胞　临床应用

干细胞之所以引起国内外广泛关注，是因为它在临床上的巨大应用潜力。对于某些传统药物（包括西药、中药）无效或疗效不佳的疑难疾病，干细胞具有较好的疗效。而且，干细胞移植治疗的临床应用广泛，涉及血液系统疾病、神经系统疾病、免疫系统疾病、心血管系统疾病、消化系统疾病、抗衰老以及其他临床研究领域，这是其他任何一种药物都无法媲美的。

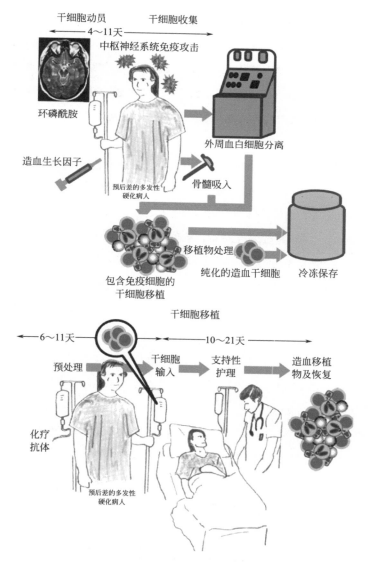

造血干细胞移植治疗多发性硬化症

（编译自：Atkins HL, Freedman MS. Hematopoietic stem cell therapy for multiple sclerosis: top 10 lessons learned. Neurotherapeutics, 2013, 10(1): 68-76）

凡是原发于造血系统的疾病，或影响造血系统并伴有血液异常改变，以贫血、出血、发热为特征的疾病，称为血液系统疾病，简称血液病。为了让病重患者尽快恢复造血功能，挽救生命，就需要移植造血干细胞。造血干细胞（包括脐带血造血干细胞）移植是治疗血液系统疾病的安全有效方法，但由于该技术难度大、风险高，对医疗机构的服务能力和人员技术水平有较高要求，2015年国家卫计委把该技术列入了"限制临床应用的医疗技术"名单，只有具备相关资质的医疗机构才可在临床上开展应用，为广大患者打开了一扇生命之窗。

来自欧洲的急性白血病工作组（ALWP）的未发表数据提示，1996～2001年，2100例接受自体外周血干细胞移植的完全缓解期急性髓系白血病患者，5年无白血病生存率、总生存率、复发率、移植相关病死率分别为43%、76%、53%和9%，而以化疗作为巩固强化方案的疗效远低于以上数据，即便是化疗后完全缓解期低危患者无病生存率都低于40%～60%。美国莫菲特癌症中心Anasetti博士等研究人员开展了一项Ⅲ期、随机、多中心临床试验，比较非亲缘供者外周血干细胞移植和骨髓移植的2年生存率。共有551例白血病患者，按1：1的比例随机分组分别接受外周血干细胞移植或骨髓移植，结果显示，外周血组2年总生存率为51%，与之相比骨髓移植组则为46%。研究人员发现，外周血组和骨髓移植组的总移植失败率分别为3%和9%。由解放军总医院第一附属医院与国家干细胞工程技术研究中心合作的研究表明，低强度预处理的半相合造血干细胞与脐带间充质干细胞联合移植治疗重型再生障碍性贫血可以显著提高疗效，同时降低并发症的发生。近年来，造血干细胞移植的适应证范围扩大，对很多难治性疾病都取得了有效的尝试，并获得了较好的疗效。

干细胞可以分化成神经元和神经胶质细胞，使损伤的神经轴突、多种胞外基质和髓鞘再生，保持神经纤维功能的完整性，因此可用于治疗神经系统疾病。已报道的干细胞治疗神经系统疾病有肌萎缩侧索硬化、多发性硬化、脊髓损伤、帕金森病、精神分裂、脑梗死后遗症、小脑萎缩、脑性瘫痪、脑卒中后遗症、颅内血肿后遗症、偏瘫、老年痴呆、共济失调、重症肌无力等。

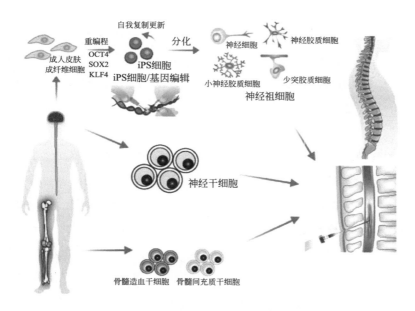

干细胞移植治疗肌萎缩侧索硬化症（见文后彩图）

（编译自：Changsung Kim, et al.Amyotrophic lateral sclerosis-cell based therapy and novel therapeutic development.Experimental Neurobiology, 2014, 23(3): 207-214）

Jiang等对20例脊髓损伤的患者进行了间充质干细胞移植治疗，结果显示患者感觉、运动、自主神经功能都得到了明显改善。Honmou等报道的脑卒中患者临床试验发现，自体骨髓间充质干细胞移植1周后可以缩小约20%的病灶体积，移植组患者有不同程度的神经功能恢复，肯定了骨髓间充质干细胞移植的效果及安全性。国内有医院采用患者自体间充质干细胞移植治疗了127例脊髓损伤和25例缺血性脑损伤患者，发现间充质干细胞移植治疗安全有效，术后回访症状均有改善，运动和感觉功能均有不同程度恢复，以伤后1个月内接受干细胞移植者效果最明显，伤后时间越长，疗效越不显著，但均无不良反应。同时，其他研究人员对其他神经系统疾病的干细胞移植研究，也证明了干细胞治疗的安全性和有效性。

国内外均有临床研究表明，移植间充质干细胞能明显改善类风湿性关节炎患者的症状。Wang等进行的一项最新研究探索了类风湿性关节炎患者间充质干细胞治疗的有效性和安全性。总共有172名经传统治疗效果欠佳的类风湿性关节炎患者，随机分为两组——传统抗风湿药物组和脐带间充质干细胞组。结果发现，移植中和移植后均没有明显的不良反应，且疾病得到明显缓解。Liang等使用异体来源的间充质干细胞治疗15例难治性系统性红斑狼疮患者，观察其疗效和安全性。结果表明，经间充质干细胞治疗后，所有患者的临床症状明显改善，疾病活动指数和24小时尿蛋白明显减少，治疗过程中未发现与治疗有关的不良反应。目前，欧洲和北美的多个研究机构都开始了干细胞治疗系统性硬化Ⅱ、Ⅲ期临床研究。例如最新的临床试验ASSIST研究是一项北美Ⅱ期临床试验，用于评价自体干细胞移植在系统性硬化使用中的安全和有效性。结果表明，尽管移植相关死亡风险较高，但其长期生存获益显著。

近年来，火箭军总医院组织工程与再生医学实验室在人羊膜间充质干细胞治疗大鼠Ⅰ型糖尿病方面取得了重要进展。通过尾静脉、肝门静脉以及肾包膜下的移植治疗实验，发现人羊膜间充质干细胞可以明显降低糖尿病大鼠的血糖水平，减轻糖尿病症状，通过体内定位跟踪发现干细胞可以归巢于胰腺损伤部位，进行胰岛修复，所有患糖尿病的大鼠均得到了有效治疗。目前，正在进一步进行临床研究。

一些干细胞被用来治疗心血管系统疾病，已报道的包括胚胎干细胞、间充质干细胞、内皮祖细胞、CD133$^+$细胞、心脏干细胞、脐血干细胞、脂肪干

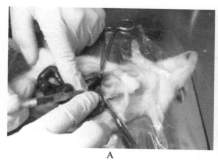

王佃亮等向大鼠肝门静脉注射移植干细胞进行糖尿病治疗研究

A—通过外科手术注射移植干细胞；B—术后的大鼠

细胞、iPS细胞等。

骨髓间充质干细胞在临床上对心力衰竭患者的疗效首次被黑尔（Hare）等证实。他将30位左室功能不全的缺血性心肌病患者经心内注射自体和异体骨髓间充质干细胞治疗，剂量分别为2×10^7、1×10^8和2×10^8个细胞。30天内，1患者因心力衰竭住院。明尼苏达心力衰竭生活质量调查问卷显示，自体骨髓间充质干细胞移植后6分钟步行试验评分明显改善。维托威克（Vrtovec）等研究者将左室收缩功能不全的非缺血性扩张型心肌病患者分为移植组（28例）和对照组（27例）。移植组向冠脉内输注CD34⁺干细胞治疗，随访1年后，结果发现CD34⁺干细胞移植组患者的总死亡率显著降低。随后，该团队研究CD34⁺干细胞对扩张型心肌病患者的长期疗效，5年的观察显示，接受CD34⁺干细胞治疗的患者心力衰竭死亡率相比对照组显著降低。两次研究结果说明，CD34⁺干细胞能显著改善心室重构、运动耐受能力，并且能影响长期预后。

某些消化系统疾病可用干细胞治疗，包括克罗恩病、肝硬化等。

克罗恩病是一种原因不明的肠道炎症性疾病，在胃肠道的任何部位均可发生，但好发于末端回肠和右半结肠。2012年，韩国食品药品管理局批准自体脂肪来源的间充质干细胞治疗复杂性克罗恩病并发肛瘘，有幸成为当时世界上获批的7种干细胞药物之一。除间充质干细胞外，造血干细胞移植可改变克罗恩病的自然进程，是不能手术的顽固性克罗恩病患者的重要治疗选择。2008年，卡西诺提（Cassinotti）等发表了在意大利米兰进行的自体骨髓造血干细胞移植治疗克罗恩病的Ⅰ、Ⅱ期临床研究。该项研究包括4例临床症状类似的克罗恩病患者，均为采用免疫抑制和抗肿瘤坏死因子治疗失败，其中2例还经历多次外科手术治疗。患者的克罗恩病情在细胞移植时均为活动期。自体外周血干细胞移植时未经任何免疫选择，全部回输。移植后3个月，所有患者均获得了临床症状的缓解，2例患者内镜检查所见也明显改善。后期随访，3例患者症状持续缓解。国内由于存在大量肝病患者，利用各种干细胞移植治疗肝病的临床研究也开展得比较早且广泛。来自国内的一项最新临床研究观察了干细胞移植治疗肝硬化顽固性腹水的疗效，将39例肝硬化顽固性腹水患者分为：对照组16例，行常规治疗；治疗组23例，在常规治疗基础上行干细胞移植。结果表明，干细胞移植治疗肝硬化顽固性腹水有较好近期疗效，可进一步推广使用。

干细胞治疗基于能促进血管新生的优势可适用于下肢缺血患者。临床上采用全骨髓细胞、骨髓单个核细胞及外周血单个核细胞移植策略以达到成功的血管新生。目前常用的移植途径包括经动脉途径及经肌肉途径。

Lu等研究证实，与骨髓单个核细胞比较，骨髓间充质干细胞改善下肢缺血，增加血流量，促进溃疡愈合的效果更好，提出骨髓间充质干细胞可能是一种更易耐受、更有效的方法。Li等运用骨髓间充质干细胞治疗下肢缺血疾病时，发现对于静息痛和皮温等临床表现有显著改善。

还有越来越多的科学家研究将干细胞用于整形美容与抗衰老方面。在整形美容外科手术中，一些干细胞可以直接替代人工假体美化患者的身体及面部轮廓，对于脂肪移植、疤痕、除皱纹等也有较好的治疗效果。干细胞用于整形美容的优势是，吸收率低，成活率高，且效果较持久。近年来，干细胞有代替人工假体成为填充剂的趋势。

一些临床试验结果显示，干细胞对整形美容和脂肪组织重建具有一定效果。作为一种软组织填充剂，自体脂肪干细胞用于整形美容，既有优势也有劣势。由于吸收率高、存活率低和并发症多等原因，限制了其临床应用。通过不断改进脂肪获取技术，加强了脂肪血管化和成活率。2001年，Zuk等发现脂肪组织中除含有已经定型的前脂肪细胞外，还有一种具有多向分化潜力的细胞群，性质与间充质干细胞相似，这种细胞不仅具有分化为骨骼、软骨、脂肪、心肌、神经等组织的能力，也具有促进伤口愈合、损伤组织再生和减少疤痕形成的能力，能够对人体已经衰老的皮肤产生良好的修复和美容作用。这种细胞被称为脂肪来源干细胞（ADSCs）。通过对衰老皮肤进行自体ADSCs治疗，使得皮肤厚度有了显著性增加，真皮中的胶原含量也呈现出显著性增加现象。有学者对自体ADSCs在隆乳术中的应用进行研究，整形效果良好。Park等研究者将ADSCs直接注射到患者面部鱼尾纹处的真皮层中，结果发现面部鱼尾纹变浅了，皮肤纹理也变细腻了，具有明显的抗衰老效果。研究表明，自体ADSCs能够分泌大量生长因子，包括表皮生长因子、血管内皮生长因子、成纤维细胞生长因子等，能够促进人体胶原合成，使皮肤质地发生变化。Yoshimura等发明了细胞辅助脂肪移植疗法（CAL）。它是将自体ADSCs与脂肪细胞混合后进行联合注射移植，能有效地提高脂肪移植的生存期，为脂肪移植提供了一种更好的方法。实际上，在干细胞临床应用中，有时也联合使用两种不同的干细胞，如造血干细胞和间充质干细胞联合移植，能提高糖尿病的治疗效果。

干细胞还可用于新药筛选、组织工程种子细胞、组织工程治疗、组织损伤修复等领域。

未来，随着越来越多的干细胞药物批准上市，许多现有药物无法治疗或治疗效果不佳的疑难疾病将会得到有效治疗。

5.＿＿免疫细胞　治疗肿瘤

肿瘤的发生与免疫有关。免疫是什么？它是人体的一种生理功能。人体内有免疫系统，由免疫器官（骨髓、脾脏、淋巴结、扁桃体、小肠集合淋巴结、阑尾、胸腺等）、免疫细胞（淋巴细胞、单核吞噬细胞、中性粒细胞、嗜碱粒细胞、嗜酸粒细胞、肥大细胞、血小板等）和免疫活性物质（抗体、溶菌酶、补体、免疫球蛋白、干扰素、白细胞介素、肿瘤坏死因子等）组成。依靠免疫系统，人体可以识别自身物质与异己物质，并通过免疫应答排斥、破坏或消灭异己物质。人体内的异己物质包括外来的细菌、病毒以及自身产生的肿瘤细胞等，这些异己物质由于可诱发机体免疫反应，又称为抗原。正常情况下，人体也会产生少量肿瘤细胞，但是会被免疫细胞清除掉。

既然人体有这么好的防御机制，为什么还会发病呢？这是因为，当人体免疫系统受损或机能发生障碍时，它抵抗异己物质的能力会大打折扣。在这种情况下，提高人体免疫细胞的数量和质量，可以增强免疫细胞杀伤肿瘤的能力。免疫细胞治疗正是基于这一原理，从肿瘤患者体内抽取血液，通过体外分离、培养、扩增、激活等操作步骤，提高免疫细胞的数量和质量，增强患者抵抗肿瘤的能力。

近年来，临床上研究应用的免疫细胞主要有 DC 细胞（Dendritic cells，树突状细胞）、CIK 细胞（Cytokine-induced killer cells，细胞因子诱导的杀伤细胞）、NK 细胞（Nature killer cells，自然杀伤细胞）、CAR-T 细胞（Chimeric

肿瘤的形成是由一些致癌因素（如辐射、病毒、化学致癌剂及其他致癌因素）诱导产生的突变导致的。在肿瘤最初生长期间，肿瘤细胞需要经历与免疫系统的动态相互作用，被称为肿瘤免疫编辑。肿瘤细胞与免疫系统动态相互作用的平衡可分为三个阶段。第一阶段，免疫清除——肿瘤细胞与免疫系统动态相互作用的平衡倾向于免疫系统。大量的CD8⁺和CD4⁺T细胞、自然杀伤（NK）细胞、树突状细胞（DC）对肿瘤细胞发挥有效作用。一些可溶性因子（如γ干扰素、穿孔素、颗粒溶解酶等）导致肿瘤细胞发生凋亡，癌症消失。第二阶段，免疫平衡——肿瘤细胞与免疫系统的动态相互作用处于平衡状态。免疫系统努力改变平衡，消灭肿瘤，然而肿瘤细胞运用多种机制，企图逃避免疫监视。第三阶段，免疫逃逸——免疫系统连续逃避导致肿瘤细胞的数量降低，能够逃避并促进免疫系统。肿瘤有几个逃避免疫系统的策略，包括诱导T细胞凋亡、阻止树突状细胞成熟和抑制免疫反应的调节T细胞（Treg）的发生等。因此，动态平衡倾向于肿瘤一方时，肿瘤发展就不受阻碍了。

（编译自：Sayantan Bose, et al. Curcumin and tumor immune-editing: resurrecting the immune system. Cell Division, 2015, 10: 6）

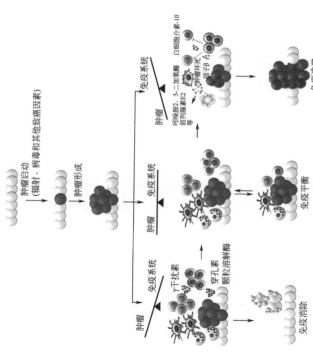

肿瘤免疫编辑的三个阶段（见文后彩图）

antigen receptor T-cell immunotherapy，嵌合抗原受体T细胞）等。其中，DC细胞是由美国学者Steinman于1973年首次在小鼠淋巴结中发现的，因其在成熟时伸出许多树突状或伪足状突起而得名，是迄今所知的以抗原提呈为唯一功能且提呈能力最强大的抗原提呈细胞。所谓抗原，就是任何可诱发免疫反应的物质，抗原提呈细胞就是摄取、处理外来抗原并将抗原信息提呈给T淋巴细胞从而诱发机体免疫应答的一类细胞。

在DC细胞被发现后的很长一段时间里，由于受当时生物医学技术的限制，人们没办法在体外培育更多的树突状细胞，且价格昂贵，结果造成对它的研究没能进一步深入下去。到了20世纪90年代，人类在生物医学技术方面取了长足进步，能够在体外培养DC细胞了，对DC细胞的研究才有了突破性进展。20世纪末，美国率先在人体上开展DC细胞免疫治疗肿瘤的试验，结果令人鼓舞。随后，DC细胞成了肿瘤生物治疗的明星，也成了全世界与癌症奋斗的科学家们研究的热点。进入21世纪，国内外科学家发现DC细胞在治疗哮喘等疾病中起到了很重要的作用，并在临床上用于多种肿瘤的生物治疗。

2010年4月29日，美国食品药品管理局批准了首个癌症治疗疫苗Provenge（Dendreon公司研制）用于晚期前列腺癌的治疗，使该药成为第一个在美国被批准用于治疗癌症的疫苗，开创了癌症免疫治疗的新时代。Provenge疫苗是利用患者自身的免疫系统与恶性肿瘤抗争，它由载有重组前列腺酸性磷酸酶抗原的肿瘤患者自身的神经元DC细胞构成。美国杰龙公司的Grnvac1/Grnvac2是端粒酶癌症疫苗，它由成熟DC细胞、人类端粒酶RNA和一部分溶酶体构成。2013年9月6日，欧盟委员会授权Provenge疫苗上市，用于治疗无症状或症状轻微的转移性男性成人前列腺癌。中国著名免疫学家曹雪涛院士主持开展的体细胞治疗性疫苗-抗原致敏的人DC细胞（APDC），经过近十年的发展，已经在Ⅱ期临床试验中与化疗序贯联用治疗晚期大肠癌取得显著疗效，进入临床Ⅲ期试验。这是中国国家食品药品监督管理总局正式批准的第一个也是目前唯一进入临床试验的免疫细胞治疗技术。

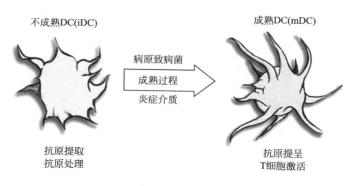

不成熟DC与成熟DC

（引自：Hubo M, et al.Costimulatory molecules on immunogenic versus tolerogenic human dendritic cells.Frontiers in Immunology, 2013, 4: 82）`

CIK细胞是将人外周血单个核细胞在体外用多种细胞因子（如抗CD3单克隆抗体、IL-2和IFN-γ等）共同培养一段时间后获得的一群异质细胞。它是一种新型的免疫活性细胞，增殖能力强，细胞毒作用强，具有一定的免疫特性。由于同时表达CD3和CD56两种膜蛋白分子，又称为NK细胞样T淋巴细胞，兼具有T淋巴细胞强大的抗瘤活性和NK细胞的非MHC限制性杀瘤的优点。

CIK细胞具有增殖速度快、杀瘤谱广、杀瘤活性高等优点。对于失去手术机会或已复发转移的晚期肿瘤患者，能迅速缓解临床症状，提高生存质量，延长生存期。大部分患者，尤其是放化疗后的患者，可出现消化道症状减轻或消失，皮肤有光泽，黑斑淡化，静脉曲张消失，脱发停止，甚至头发生长或白发变黑等"年轻化"表现，并出现精神状态或体力明显恢复等现象。

DC细胞和CIK细胞联用具有协同抗肿瘤作用。DC细胞与CIK细胞共同孵育后，DC细胞表面共刺激分子的表达及抗原递呈能力均明显提高，而CIK细胞的增殖能力和体内外细胞毒活性也得以增强，所以DC-CIK细胞较单独的CIK细胞治疗更为有效。若将肿瘤抗原负载的DC细胞与CIK细胞共培养，可刺激产生肿瘤抗原特异性T细胞，这样的DC-CIK细胞治疗兼具特异性和非特异性双重肿瘤杀伤作用，比未负载肿瘤抗原的DC细胞刺激活化的CIK细胞活性更强，常被用于临床和科研。在DC-CIK细胞过继免疫治疗中，最终的效应细胞是经DC细胞体外活化的CIK细胞。

近年来，DC-CIK细胞过继免疫治疗的临床实验研究表明，对恶性黑色素瘤、前列腺癌、肾癌、膀胱癌、卵巢癌、结肠癌、直肠癌、乳腺癌、宫颈癌、肺癌、喉癌、鼻咽癌、胰腺癌、肝癌、胃癌、白血病等许多肿瘤患者都有一定疗效。

NK细胞是机体固有免疫系统的一种效应细胞，与抗肿瘤、抗病毒感染和免疫调节有关。骨髓造血干细胞和胸腺早期淋巴样细胞均能发育分化为NK前体细胞，进而发育分化为NK细胞。NK细胞的杀伤活性不依赖抗体，无需特异性抗原刺激，被称为自然杀伤活性。NK细胞胞浆丰富，含有较大的嗜天青颗粒。嗜天青颗粒就是溶酶体，里面含有酸性磷酸酶、髓过氧化物酶和多种酸性水解酶，能够消化被细胞吞噬的细菌和异物，所以嗜天青颗粒的含量与NK细胞杀伤活性呈正相关。NK细胞作用于靶细胞后杀伤作用出现早，在体外1小时、体内4小时即可见到杀伤效应。

NK细胞的靶细胞主要有某些肿瘤细胞、病毒感染细胞、某些自身组织细胞（如血细胞）、寄生虫等。NK细胞抗肿瘤的机制主要包括：①通过释放细胞毒性颗粒杀伤肿瘤细胞；②通过细胞表面合成的蛋白激活靶细胞凋亡以杀伤肿瘤细胞；③通过与肿瘤细胞表面抗体结合发挥细胞毒性作用杀伤靶细胞。NK细胞还可以分泌多种细胞因子，如TNF-α、TNF-β、IFN-γ等，协同其抗肿瘤，对肺癌、乳腺癌、大肠癌、肝癌、白血病等都有疗效。NK细胞是机体抗肿瘤、抗感染的重要免疫因素，也参与Ⅱ型超敏反应和移植物抗宿主反应，具有免疫清除和免疫监视的作用。

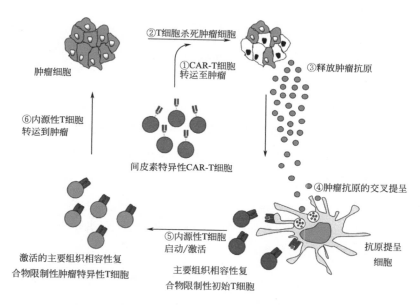

嵌合抗原受体修饰的T细胞（CAR-T）过继疗法通过抗原表位扩展
诱导的内源性抗肿瘤免疫反应（见文后彩图）

（编译自：Gregory L Beatty. Engineered chimeric antigen receptor-expressing
T cells for the treatment of pancreatic ductal adenocarcinoma.
Oncoimmunology, 2014, 3: e28327）

以嵌合型抗原受体（CAR）为基础的细胞免疫治疗是一种新的恶性肿瘤治疗模式，为部分晚期肿瘤患者带来治愈的希望。CAR-T细胞是将T细胞受体基因和抗CD19抗体基因嵌合，转染至T细胞，在体外扩增后回输给患者来治疗B淋巴细胞血液恶性肿瘤的新型靶向治疗方法。

CAR-T细胞疗法经历了长期的研发。20世纪80年代晚期，以色列化学家兼免疫学家齐利格-伊萨哈（Zelig Eshhar）开发了第一种CAR-T细胞。1990年，伊萨哈来到美国国立卫生研究院（NIH），与斯蒂芬-罗森伯格（Steven Rosenberg）合作研究靶向人体黑色素瘤的嵌合抗原受体。伊萨哈和罗森伯格以一种模块设计的方式构建了CAR-T细胞。CAR-T细胞治疗曾使一位当时年仅6岁险些被晚期白血病置于死地的患儿奇迹般地挣脱了死神的束缚，这让更多的研发者看到了希望的曙光，使CAR-T细胞疗法成为近年来肿瘤免疫治疗的热门领域。

目前，CAR-T细胞在治疗急性和慢性淋巴细胞白血病、B细胞淋巴瘤方面取得了快速进展，美国食品药品管理局给予了CAR-T细胞疗法优先评估的待遇。2014年11月，美国食品药品管理局给予Juno公司的"JCAR015"以"罕见病疗法"认证。Kite公司开发的缓解非何杰金淋巴瘤的"KTE-C19"也获得了美国食品药品管理局和欧洲药品局的认证。

以上各种免疫细胞治疗都属于第三类医疗技术。什么是第三类医疗技术？根据2009年3月国家卫生部印发的《医疗技术临床应用管理办法》（卫医政发〔2009〕18号），第三类医疗技术是指具有以下情形之一，需要卫生行政部门加以严格控制管理的医疗技术：①涉及重大伦理问题；②高风险；③安全性、有效性尚需经规范的临床试验研究进一步验证；④需要使用稀缺资源；⑤卫生部规定的其他需要特殊管理的医疗技术。6年之后，2015年7月国家卫计委又印发了《关于取消第三类医疗技术临床应用准入审批有关工作的通知》（国卫医发〔2015〕71号），进一步规范了免疫细胞的临床应用，在目前阶段免疫细胞治疗是作为临床研究进行。

不同免疫细胞治疗的临床效果，因人因病会有较大差异，目前免疫细胞治疗肿瘤通常是作为放疗、化疗、手术治疗后的辅助治疗手段。将来，随着技术的不断发展，免疫细胞治疗有可能成为肿瘤治疗的主要方法之一。

6.___普通细胞　疾病治疗

除一些干细胞和免疫细胞外，临床上还有其他细胞用来治病吗？答案是肯定的。事实上，一些普通细胞也在临床上应用。之所以称这些细胞是普通细胞，是相对于干细胞和免疫细胞这些临床应用较广的细胞而言。这些普通细胞主要有软骨细胞、表皮细胞、成纤维细胞、胰岛细胞、肝细胞、角膜上皮细胞等，都是已经完成了分化，在具体的组织器官中起到特定的结构作用，并行使一定功能。它们的结构功能作用通常比较局限，既不像干细胞那样可以转化为一种或多种其他种类的细胞而具有另外的结构功能作用，也不像免疫细胞那样对机体抵抗疾病具有重要的防御功能。

这类细胞的移植在临床上仍具有重要的治疗价值。ChondroCelect来自自体软骨细胞，用于修复成人膝关节股骨髁的单个有症状的软骨损伤，是一种先进的含活细胞的医疗产品，目前该产品已在比利时、荷兰、卢森堡、德国、英国、芬兰和西班牙等国上市销售。

美国健赞公司（Genzyme Corporation）开发的两个自体软骨细胞修复技术的产品MACI移植物和Carticel，可以替代损伤的膝关节软骨。Carticel是美国食品药品管理局第一个批准的细胞治疗产品。Carticel作为健赞公司第一代ACI技术，和MACI移植物主要被矫形外科医师用于治疗临床上具有显著症状的关节软骨损伤的患者，二者都是对患者自身的软骨细胞进行培养和移植来修复软骨损伤。Carticel自体软骨细胞移植，主要针对股骨髁损伤以及对曾经接受的关节镜或其他手术修复程序（譬如清除术、微骨折、钻孔和磨削关节成形术等）反应不佳的患者，修复急性或反复外伤造成的、具有症状的股骨软骨缺损（内侧，外侧或滑车）。MACI移植物目前在欧洲、亚洲和大洋洲上市，而Carticel则在美国市场应用。

2007年10月，美国食品药品管理局批准健赞公司的Epicel上市，用于治疗危及生命的严重烧伤。Epicel含有患者自身表皮细胞成分，能够为烧伤患者提供永久的皮肤替代物，这是在美国上市的第一个含有活细胞的异源移植系统，之后又开发了其他含活细胞的皮肤产品。

Dermagraft-TM是由Advanced Tissue Sciences公司生产的一种人工真皮。它是将从新生儿包皮中获取的成纤维细胞接种于聚乳酸网架上，14～17天后，由于成纤维细胞在网架上大量增殖并分泌多种基质蛋白，如胶原、纤维连接蛋白、生长因子等，形成由成纤维细胞、细胞外基质和可降解生物材料构成的人工真皮Dermagraft-TM。其结构更类似天然真皮，能够减少创面收缩，促进表皮粘附和基底膜分化。Dermagraft-TM既可用于烧伤创面，又可用于皮肤慢性溃疡创面的治疗。在美国35个医疗中心314例糖尿病慢性足部溃疡的随机对照临床研究中，验证了Dermagraft治疗的安全性和有效性。

Dermagraft-TC是Advanced Tissue Sciences公司生产的另一种人工真皮，是将新生儿包皮的成纤维细胞接种到一种由一层硅胶薄膜和与之相贴的尼龙网组成的膜上。Dermagraft-TC常作为一种临时性敷料应用于烧伤创面。多中心研究显示，66例烧伤患者平均烧伤面积为44%，移植Dermagraft-TC与异体皮比较，14天时接受率分别是94.7%与93.1%，从粘附、积脓情况看，两者没有差别，而Dermagraft-TC易于去除，不易造成创面出血。

1998年美国Organogenesis公司生产的Apligraf是目前最成熟的、既含有表皮层又含有真皮层的人造皮肤。Apligraf系采用新生儿包皮的成纤维细胞接种于牛胶原凝胶中形成细胞胶原凝胶，然后接种角质形成细胞进行培养制成，已获美国食品药品管理局批准用于治疗糖尿病性溃疡和静脉性溃疡等小面积创面的修复。对美国24个中心208例患者的非感染性神经性糖尿病足部溃疡的治疗结果表明，采用Apligraf治疗的试验组112例中有63例创面完全愈合，而采用湿纱布治疗的对照组96例仅有36例创面愈合；平均愈合时间前者65天，后者90天。临床研究也表明，应用Apligraf治疗静脉性溃疡比传统方法更为经济有效。Apligraf还可用于治疗大疱性表皮松解症、坏疽性脓皮病、溃疡性结节病等。

通常，代谢性疾病被归因于某种细胞功能障碍或缺陷，细胞移植被合乎逻辑地应用于这些疾病的治疗，如胰岛细胞移植。胰岛是由数十至数千个细胞组成的细胞团，一般为圆形或长椭圆形，体积大小不一，个别胰岛形态不规则，有呈半月形、弯曲的圆子柱状等。按染色和形态学特点，人胰岛细胞主要分为A（α）细胞、B（β）细胞、D细胞和PP细胞。A细胞约占胰胰岛细胞的20%，分泌胰高血糖素，升高血糖；B细胞占胰岛细胞的60%～70%，分泌胰岛素，降低血糖；D细胞占胰岛细胞的10%，分泌生长激素抑制激素；PP细胞数量很少，分泌胰多肽。其中胰岛B细胞是治疗糖尿病的功能细胞，主要分布于胰岛中心部位，排列较规则，一般呈圆形，大小均匀，胞质较多，胞浆中充满粗大的胰岛素染色颗粒，胞核不着色，但可清楚地观察到其轮廓，多呈圆形或椭圆形。因此，可将胰岛B细胞从胰岛组织中用胶原酶等消化并分离出来治疗糖尿病。

肝脏是由肝细胞组成。人的肝脏约有25亿个肝细胞，由此推算人的肝脏的肝小叶总数约有50万个。肝细胞为多角形，直径为20～30μm，有6～8个面，不同生理条件下的大小有差异，如饥饿时肝细胞体积变大。肝细胞具有很多功能，对遗传性代谢缺陷患者移植"正常"肝细胞似乎合乎逻辑。

用于移植的肝细胞包括以下几类。①异种肝细胞。目前最常用的是猪肝，它能提供与人肝结构相似、功能相近的肝细胞。Nishitai等在免疫缺陷鼠的脾脏内移植猪肝细胞，发现新鲜分离的猪肝细胞较之培养后、4℃保存或冻存后的猪肝细胞在移植后具有更好的活力和分泌功能。提示新鲜分离的猪肝细胞是首选的异种肝细胞源。②成熟的人肝细胞。这是最理想的细胞来

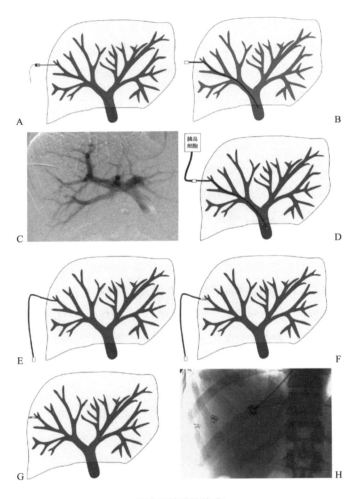

胰岛细胞移植治疗

A—用带 0.018 英寸导线的 21 号针头扎入肝门静脉；B—将针换为 4F 导尿管；

C—数字减影门静脉造影显示清晰的门静脉；D—输入胰岛细胞同时间歇性监测压力；

E—撤出导尿管；F—入口用明胶海绵旋转塞住；G—完成胰岛细胞移植同时

显示塞住的伤口；H—荧光镜图显示塞住的伤口

（编译自：Brian Funaki. Islet cell transplantation. Seminars

Interventional Radiology, 2006, 23(3): 295-297）

源。③胎肝细胞。胎肝细胞是由流产胎儿肝脏分离所得的肝细胞及其前体，具有分化增殖能力强、免疫原性弱及更能抵抗低温贮存损伤等优点。④永生化肝细胞株。国内有学者以重组质粒SV40LT/pcDNA3.1经脂质体转染正常人肝细胞，成功构建水生化人源性肝细胞系HepLL，研究表明HepLL具有正常人肝细胞的形态特征和生物学功能。

1976年，Matas等报道从门静脉注入肝细胞使Crigler-Najjar模型大鼠血浆胆红素水平下降。人体肝细胞移植于1992年第一次临床试验成功。1993年，Mito等第一次报道了肝细胞移植在治疗慢性重型肝炎中的应用。1998年，Fox等报道了应用该方法治疗小儿Crigler-Najjar综合征Ⅰ型疾病。这是一种罕见的遗传病，新生儿出生2周内通常会出现肌肉痉挛和强直、惊厥、角弓反张等胆红素脑病表现。经治疗，18个月后，小儿胆红素水平降低了60%。1998年，美国食品药品管理局6880条款通过了人类肝细胞体内移植可作为终末期肝病的一项有效的治疗技术，并于当年通过了美国食品药品管理局认证。近年来，国内解放军304医院等单位在开展肝细胞移植治疗工作，并取得了一定成就。

其他一些普通细胞也被用于临床治疗。譬如，2015年2月欧盟药品管理局批准意大利Chiesi Farmaceutici公司研发的Holoclar上市，用于治疗成年患者的中度至重度角膜缘干细胞缺陷。Holoclar的主要成分就是角膜上皮细胞。随着人类对细胞生长发育环境及调控机制的深入认识和熟练操控，未来会有越来越多的普通细胞应用于临床，并且每种细胞的应用范围会扩大。

现代临床实验研究表明，某些种类的细胞混合移植能够提高治疗效果。普通细胞和干细胞一起移植将是未来细胞移植治疗的重要发展方向，因为成熟的普通细胞可以作为"诱导剂"，诱导干细胞定向发育分化，使干细胞能够更快更好地形成有特定功能的组织器官，增强干细胞的治疗效果，达到有效治疗疾病的目的。

21世纪是细胞移植治疗的时代。在今后几十年内，一大批干细胞产品将被批准应用于临床，同时免疫细胞、普通细胞和混合种类的细胞移植治疗也会得到快速发展。细胞移植治疗将改变我们的生活，使我们的生活变得更加美好。

1.____ 细胞移植治疗大事记

1667年，法国医生Jean-Baptiste Denis将小牛血注射给一个精神病患者是首次有记载的细胞治疗。

1796年，英国医生Jenner Edward给人接种牛痘病毒疫苗预防天花病毒感染，这是全世界最早的生物治疗案例。

1867年，德国病理学家科Cohnheim在实验中给动物静脉注射一种不溶性染料苯胺，结果在动物损伤远端的部位发现含有染料的细胞，包括炎症细胞和与纤维合成有关的成纤维细胞，由此他推断骨髓中存在非造血功能的干细胞。

1912年，德国医生Kuettner提出应将器官剪成小组织块，溶在生理盐水中，再注到患者体内，而非将整体用于移植，因而成为细胞治疗的先驱者。

1956年，美国华盛顿大学E. Donnall Thomas完成了世界上第一例骨髓移植手术，这也是世界上第一例干细胞移植手术。E. Donnall Thomas由此成为造血干细胞移植术的奠基人。

1981年，Evan Kaufman和Martin从小鼠胚泡内细胞群分离出胚胎干细胞，并建立了胚胎干细胞适宜的体外培养条件，培育成干细胞系。

1982年, Grimm等首先报道外周血单个核细胞中加入IL-2体外培养4～6天, 能诱导出一种非特异性的杀伤细胞, 即LAK细胞。

1984年, Rosenberg研究组经美国食品药品监督管理局批准, 首次应用IL-2与LAK协同治疗25例肾细胞癌、黑素瘤、肺癌、结肠癌等肿瘤患者, 具有显著疗效。

1930年, 瑞士的Paul Niehans将从羊胚胎器官中分离出的细胞注入到人体进行皮肤年轻化治疗, 次年又将牛甲状腺剪成的小组织块溶在生理盐水中治疗"甲状腺功能减低", 被称为"细胞治疗之父"。

1967年, 美国华盛顿大学E. Donnall Thomas在《The New England Journal of Medicine》上发表了一篇重要的关于干细胞研究的论文。这篇论文详细阐述了骨髓中干细胞的造血原理、骨髓移植过程、干细胞对造血功能障碍患者的作用。这篇论文为白血病、再生障碍性贫血、地中海贫血等遗传性疾病和免疫系统疾病的治疗展示了广阔的前景。此后, 干细胞研究引起各国生物学家和医学家的高度重视, 干细胞移植迅速在世界各国开展。

1973年, 美国学者Steinman及Cohn在小鼠脾组织分离中发现了树突状细胞（DC细胞）, 其细胞的形态为树突样或伪足样突起。

1985年, Rosenberg率先报告白细胞介素-2（IL-2）和淋巴因子活化的杀伤细胞（LAK细胞）治疗晚期肿瘤有效。

1987年, Peterson采用自体软骨细胞移植（autologous chondrocyte implantation, ACI）技术治疗关节软骨缺损患者。这是细胞工程技术首次用于骨关节病的治疗, 现已成为一种较为成熟的关节软骨缺损治疗技术。

1988年, 首批组织修复细胞进入市场, 它们是用于治疗严重烧伤的伤口愈合产品。

1989年, 美国的一位科学家在脑组织中发现了神经干细胞。

1990年, E. Donnall Thomas因干细胞移植方面的开拓性工作获本年度诺贝尔生理学或医学奖。

1990年，Scharp等报道首例人同种异体胰岛细胞移植治疗Ⅰ型糖尿病获得成功。

1992年，人体肝细胞移植第一次临床试验成功。

1994年，Schmidt-wolf从外周血单个核细胞中诱导产生CIK细胞，兼具T淋巴细胞强大的杀瘤活性和NK细胞的非MHC限制性，故又被称为NK细胞样T淋巴细胞，将具有高效杀伤活性的CIK细胞和具有强大肿瘤抗原递呈能力的DC共同培养来治疗恶性肿瘤已被证明具有良好的效果。

1997年，Asahara及其同事最早发现内皮祖细胞，他们从外周血的单核细胞中分离出了一群能够在体外合适的条件下分化成为内皮细胞的细胞群，其表面特异性表达造血干细胞标志CD133、CD34以及内皮细胞标志VEGFR-2。

1998年，美国的两位科学家Thomson和Gearhart分别建立了来源于人的胚胎多能干细胞系。

1999年，《美国科学院院刊》（PNAS : Proceedings of the National Academy of Sciences of the United States of American）报道，小鼠肌肉组织的成体干细胞可以"横向分化"为血液细胞。随后，世界各国的科学家相继证实，成体干细胞（包括人类的成体干细胞）具有可塑性。

1999年，干细胞研究被美国《Science》杂志推选为21世纪最重要的10大科研领域之一，且排名第一，先于工程浩大的"人类基因组测序"。

2000年，日本启动"千年世纪工程"，把以干细胞工程为核心技术的再生医疗作为四大重点之一，并且在第一年度的投资金额即达108亿日元。

2001年，英国议会上院以212票赞成、92票反对，通过一项法案，允许科学家克隆人类早期胚胎，并利用它进行医疗研究。利用人体细胞克隆人类早期胚胎后，可以从中提取未经完全发育的胚胎干细胞。

2001年，法国部分学者联名向法国科研部长提交一份调查报告，呼吁政府大力加强对干细胞研究的扶持力度。

2001年，美国科学家在《Tissue Engineering》杂志上报道，从人臀部和大腿处抽取的脂肪中，含有大量类似干细胞的细胞，这些细胞可以发育成健康的软骨和肌肉等。

2001年，英国一家公司宣布开展新生儿脐带血干细胞储存服务。父母花600英镑，就可采集婴儿脐带血，从中分离出干细胞，在液氮中保存至少20年。

2001年，中国完成了人体神经干细胞和角膜干细胞的移植。

2001年，天津市脐带血造血干细胞库正式运营。

2008年，中国首家干细胞医院在天津建成，它与天津市脐带血造血干细胞库、天津市间充质干细胞库结合，形成集干细胞产品研发、储存、应用为一体的、比较完整的干细胞工程体系。

2009年，美国食品药品管理局首次批准胚胎干细胞用于治疗截瘫患者的临床实验。截止到2009年1月，已有20项临床试验在美国国立卫生院clinicaltrials.gov登记注册，早期结果令人鼓舞。

2009年，中国国家卫生部出台的《医疗技术临床应用管理办法》，为严格有序地开展细胞生物治疗提供了指导和依据，也保证了生物治疗的安全和规范。

2010年，人类胚胎干细胞首次注入人体内进行干细胞治疗。

2010年，澳洲治疗商品管理局批准Mesoblast公司的自体间质前体细胞治疗骨损伤。

2011年，韩国食品药品监督管理局（KFDA）批准FCB-Pharmicell公司的自体骨髓间充质干细胞（Hearticellgram-AMI）用于治疗急性心肌梗死。

2011年，美国食品药品管理局批准纽约血液中心的脐带血造血祖细胞异基因造血干细胞移植（Hemacord）治疗遗传性或获得性造血系统疾病。

2012年，美国食品药品管理局批准通过基因工程改造的植物细胞生产的Elelyso用于治疗Ⅰ型代谢病。

2012年，欧盟委员会批准了西方世界首个基因治疗药物Glybera，这标志着修复基因缺陷的新颖医疗技术的一个里程碑。该药用于治疗一种极其罕见的遗传性疾病——脂蛋白脂肪酶缺乏症（LPLD），将成为基因治疗领域的重大推动力。

2012年，韩国食品药品监督管理局批准Medi-post公司的脐带血来源间充质干细胞（Cartistem）治疗退行性关节炎和膝关节软骨损伤。

2012年，韩国食品药品监督管理局批准Anterogen公司的自体脂肪来源间充质干细胞（Cuepistem）治疗复杂性克罗恩病并发肛瘘。

2012年，加拿大食品药品监督管理局批准美国奥西里斯治疗公司的骨髓间充质干细胞（Prochymal）治疗儿童急性移植抗宿主疾病。

2013年，美国《Science》杂志将肿瘤免疫治疗列为年度十大科学突破的首位，确定了生物免疫治疗在未来肿瘤综合治疗中的重要地位及发展前景。

2013年，完成首个中国仓鼠卵巢细胞系基因组图。

2013年3月，中国国家卫生部与中国国家食品药品监督管理总局联合发布《干细胞临床试验研究管理办法》、《干细胞临床试验研究基地管理办法》和《干细胞制剂质量控制和临床前研究指导原则》征求意见稿。

2014年2月，日本成立使用诱导多能干细胞（iPS细胞）的、名为"SIREGE"（意思为视觉再生，sight regeneration）的药品生产企业，致力于使用iPS细胞治疗年龄相关性黄斑变性眼病的药品。

2015年7月2日，中国国家卫生和计划生育委员会发布《关于取消第三类医疗技术临床应用准入审批有关工作的通知》（国卫医发〔2015〕71号）。

2015年8月21日，中国国家卫生和计划生育委员会发布《关于印发干

细胞制剂质量控制及临床前研究指导原则（试行）的通知》（国卫办科教发
[2015]46号），大大促进了干细胞药物的研究和发展。

2. ___ 动物克隆大事记

1938年，Hans Spemann首次提出采用细胞核移植技术克隆动物的设想，
并称之为奇异的实验，之后一举成名的克隆绵羊多莉沿用的就是这一思路。

1952年，美国科学家Robert Briggs和Thomas J.King用一只蝌蚪的细胞
创造了与原版完全一样的复制品。小小的蝌蚪改写了生物技术发展史，并成
为世界上第一种被克隆的动物。

1979年春，中国科学院武汉水生生物研究所的科学家克隆鲫鱼成功，为
胚胎细胞克隆。

1989年，美国获得胚胎克隆猪。

1991年，中国获得胚胎克隆山羊。

1996年7月，世界上第一只成年体细胞克隆羊"多莉"，在英国北部城
市爱丁堡的罗斯林研究所出世。这首次证明动物体细胞和植物细胞一样具有
遗传全能性，打破了传统的科学概念，轰动了世界。

1997年7月，爱丁堡的罗斯林研究所又成功培育出携带有人类α-抗胰蛋
白酶基因的克隆绵羊"波莉"，羊奶中的人α-抗胰蛋白酶是治疗慢性肺气肿、
先天性肺纤维化囊肿等疾病的特效药物。

1998年，美国夏威夷大学的科学家用成年鼠细胞克隆出50多只老鼠，
并接着培育出3代遗传特征完全一致的实验鼠。与此同时，其他几个私立研
究机构也用不同的方法成功克隆出小牛。其中最引人注目的是，日本科学

家用一个成年母牛的细胞培育出8只遗传特征完全一样的小牛，成功率高达80%，从此开始克隆批量化。

1999年10月15日，中国科学院发育生物学研究所与扬州大学合作，在江苏扬州成功克隆了一只转基因山羊。这是国内首例体细胞转基因克隆羊，可以用于珍稀药物人乳铁蛋白（hLF）生产。"转基因山羊体细胞克隆山羊"成果被评为1999年中国基础研究十大新闻之首。

1999年12月24日，山东农业科学院生物技术研究中心和河北农业大学联合攻关，成功克隆出了两只小白兔，被专家命名为"鲁星"和"鲁月"，长势良好。

2000年4月13日，美国俄勒冈的研究者用与克隆多莉羊截然不同的胚胎分裂方法克隆出猴子。科学家将一个仅包含8个细胞的早期胚胎分裂为4份，再将它们分别培育出新胚胎，唯一成活的只有短尾猴"泰特拉（Tetra）"。与多莉不同的是，Tetra既有母亲也有父亲，但它只是人工四胞胎中的一个。

2000年1月23日，世界第一头再克隆牛在日本诞生，克隆它所用的体细胞采自于克隆牛。

2000年3月14日，英国PPL生物技术公司宣布，他们利用与创造多莉相似的技术，首次成功克隆了5头可以为人体进行器官移植的小猪，依次取名为"米莉埃"（Millie，意思是新千年）、"克利斯塔"（Christiaan，纪念1967年进行首例人类心脏移植手术的外科医生克利斯塔·伯纳德Christiaan Barnard）、"亚历克西斯"和"卡雷尔"（根据诺贝尔奖得主、器官移植先驱亚历克西斯·卡雷尔Alexis Carrel的名字而起的）、"道特考姆"（.com，是当时火爆全球的因特网域名）。

2000年6月16日，在西北农林科技大学诞生了一头成年体细胞克隆山羊，取名为"元元"。同年6月22日，该大学又成功克隆了另一山羊"阳阳"。

2000年6月28日，英国科学家宣布掌握了一种新技术，能够对大型哺乳动物进行精确的基因改造，然而大量生产这种动物仍需克隆。

2000年12月，罗斯林研究所又和美国一家生物技术公司联手，历时两年多，培育出了克隆鸡，其中的一只取名为"布利特尼"，它下的蛋可以提取新型抗癌药物。

2001年，美、意科学家联手展开克隆人的工作。2001年11月美科学家宣布首次克隆成功了处于早期阶段的人类胚胎，称其目标是为患者定制出不会诱发排异反应的人体细胞用于移植。

2001年1月8日，在美国克隆成功了一头名叫"诺亚"的印度野牛，小牛诞生后仅12小时，就能在不需帮助的情况下走路。

2001年8月8日，西北农林科技大学培育的体细胞克隆山羊"阳阳"和胚胎细胞克隆山羊"帅帅"自然交配，产下了一对"龙凤胎"。

2002年3月上旬，中国首批自主完成的成年体细胞克隆牛在山东曹县成功问世。同月20日，中国政府颁布的《农业转基因生物标识管理办法》开始实行。

2004年2月，西北农林科技大学张涌教授培育的第四代体细胞克隆山羊"笑笑"诞生。

2004年8月11日，英国颁发全球首张克隆人类胚胎执照，执照有效期为1年，胚胎14天后必须毁坏，培育克隆婴儿仍属非法行为。其目的是：增加人类对自身胚胎发育的理解；增加人类对高危疾病的认识；推动人类对高危疾病治疗方法的研究。

2005年，韩国科学家利用干细胞移植技术培育出世界上第一只克隆狗，并将这只克隆狗命名为"史努比"。

2005年2月18日，第59届联合国大会法律委员会以71票赞成、35票反对、43票弃权的表决结果，以决议的形式通过一项政治宣言，要求各国禁止有违人类尊严的任何形式的克隆人实验。

2007年5月25日，世界第一只人兽混种羊在美国内华达大学伊斯梅尔·赞加尼（Esmail Zanjani）教授领导的研究小组诞生。这只含有15%人类细胞的混种羊，花费了该研究小组七年的时间。该项研究的目的是通过向动物体内植入人类的干细胞，培育出各种适于移植的器官，从而解决医学界器官移植短缺的问题。

2008年1月15日，美国食品药品监督管理局宣布，批准克隆动物的奶制品和肉制品上市销售，并宣称这类来源的食品是安全的。

2015年9月1日，俄罗斯媒报道，俄罗斯猛犸象博物馆馆长谢苗·格利高里耶夫表示，俄罗斯第一家克隆灭绝动物的实验室在雅库茨克开始工作，该实验室目前的目标是找到克隆所需活细胞，以使猛犸象能够"再生"。

后记

　　本书在编写过程中，获得了一些院士、专家的大力支持，他们是2010年诺贝尔经济学奖获得者、英国社会科学院院士克里斯托弗·皮萨里德斯先生，中国科学院院士、香港大学神经科学研究中心主任、博士生导师苏国辉教授，中国科学院院士、中国医学科学院肿瘤研究所研究员、博士生导师陆士新教授，中组部"千人计划"学者、大连医科大学附属第一医院副院长、博士生导师乐卫东教授，中组部"千人计划"学者、清华大学前沿高分子中心主任、博士生导师危岩教授。

　　张涌教授、郑培铎主任等慷慨提供了一些图片资料，另有部分图片资料引用自国内外文献，以举例说明相关技术领域的最新发展情况。在本书付梓之际，对于各位院士、专家、朋友们的真诚推荐、鼎力支持，表示由衷地感谢。由于时间仓促和编著者水平所限，本书错误在所难免，希望各位专家、读者朋友们不吝指正，再版时将予以修订。

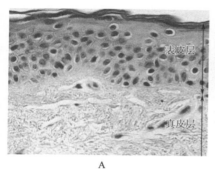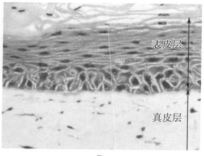

A

B

人面部皮肤与人工皮肤比较（光学显微镜图，60倍放大）

（引自：Carla Abdo Brohem, et al. Artificial skin in perspective: concepts and applications. Pigment Cell & Melanoma Research, 2011, 24(1): 35–50）

A—人面部皮肤的表皮层（Epidermis）和真皮层（Dermis）；

B—人工皮肤的表皮层（Epidermis）和真皮层（Dermis）

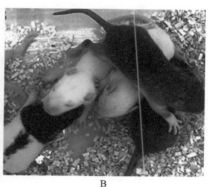

A

B

嵌合体动物及其后代

（引自：Hongsheng Men, Elizabeth C. Bryda. Derivation of a germline competent transgenic fischer 344 embryonic stem cell line. PLoS One, 2013, 8(2): e56518）

A—嵌合体动物（面部有白色区域）；B—嵌合体动物的后代

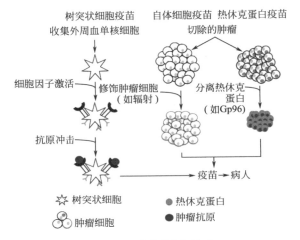

树突状细胞疫苗　　自体细胞疫苗　热休克蛋白疫苗
收集外周血单核细胞　　　　切除的肿瘤

细胞因子激活——修饰肿瘤细胞　分离热休克
　　　　　　　　（如辐射）　蛋白
　　　　　　　　　　　　　（如Gp96）

抗原冲击——

　　　　　　　　　　　　　　　→疫苗→病人

☆ 树突状细胞　　　　　● 热休克蛋白
🔘 肿瘤细胞　　　　　　● 肿瘤抗原

不同肿瘤疫苗的制备策略

（译自：Jackson C, et al. Challenges in immunotherapy presented by the glioblastoma multiforme microenvironment. Clinical and Development Immunology, 2011, 2011: 732413）

马铃薯（a，b）及紫花苜蓿（c，d）的二倍体（2×）和四倍体（4×）植株外观比较

a—四倍体马铃薯植株（4×）比二倍体马铃薯植株（2×）大；b—四倍体马铃薯叶子（4×）比二倍体马铃薯叶子（2×）大；c—四倍体紫花苜蓿花（4×）比二倍体紫花苜蓿花（2×）大；d—四倍体紫花苜蓿叶子（4×）比二倍体紫花苜蓿叶子（2×）大
（译自：Riccardo Aversano, et al.Molecular tools for exploring polyploid genomes in plants. International Journal of Molecular Sciences, 2012, 13(8): 10316–10335）

海棠试管苗的包衣、萌发和生长

A—从体外培养的海棠切下的试管苗外植体（4～8mm长）；B—外植体浸入海藻酸钠溶液2分钟，然后分别吸入一支无菌的一次性吸管，里面有足够的海藻酸钠溶液供包衣；C—每一外植体／海藻酸钠结合体释放到含有$CaCl_2 \cdot H_2O$的培养皿中，放置30分钟或45分钟；D—混合物倒入无菌培养皿，氯化钙从新形成的人工种子（包衣外植体）中消失了，然后用无菌水洗涤人工种子至少3次，以除去残留的$CaCl_2 \cdot H_2O$；E—人工种子倒入无菌培养皿；F—人工种子在土壤中萌发，逐渐长大。

（编译自：Sakhanokho HF. Alginate encapsulation of begonia microshoots for short-term storage and distribution. Scientific World Journal, 2013, 2013: 341568）

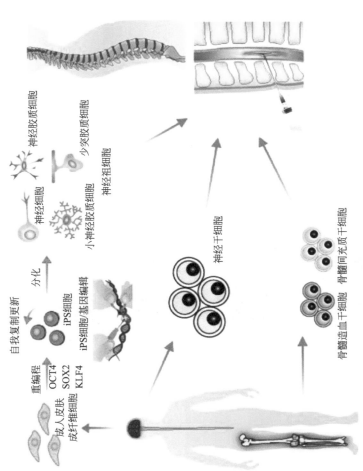

干细胞移植治疗肌萎缩侧索硬化症

自我复制更新

成人皮肤 重编程 OCT4 SOX2 KLF4 iPS细胞 分化

成纤维细胞 iPS细胞/基因编辑

神经胶质细胞

神经细胞 少突胶质细胞

小神经胶质细胞 神经祖细胞

神经干细胞

骨髓造血干细胞 骨髓间充质干细胞

（编译自：Changsung Kim, et al. Amyotrophic lateral sclerosis-cell based therapy and novel therapeutic development.Experimental Neurobiology, 2014, 23(3): 207-214 ）

肿瘤的形成是由一些致癌因素（如辐射、病毒、化学致癌剂及其他致癌因素）诱导致癌的积累导致的。在肿瘤最初生长期间，肿瘤细胞需要经历与免疫系统的动态相互作用，被称为免疫编辑，可分为三个阶段。第一阶段，免疫清除——肿瘤细胞与免疫系统动态相互作用的平衡倾向于免疫系统。大量活化的$CD8^+$和$CD4^+$T细胞、自然杀伤（NK）细胞、树突状细胞（DC）对肿瘤细胞发挥有效的作用。一些可溶性因子（如γ干扰素、穿孔素、颗粒溶解酶等）导致肿瘤细胞发生凋亡、癌症消失。第二阶段，免疫平衡——肿瘤细胞与免疫系统的动态相互作用处于平衡状态。免疫系统努力改变平衡，消灭肿瘤，然而肿瘤细胞运用多种机制，企图避开免疫监视。肿瘤有几个细胞凋亡，免疫系统能够继续进攻导致肿瘤细胞的免疫原性降低，能系统连续进攻免疫系统，免疫逃避——免疫系统躲开免疫系统。第三阶段，免疫逃避——免疫系统的策略，包括抑制免疫反应和促进抑制调节T细胞（Treg）的发生等，使得动态平衡向肿瘤一方转移，肿瘤发展就不受阻碍了。

（编译自：Sayantan Bose, et al. Curcumin and tumor immune-editing: resurrecting the immune system. Cell Division, 2015, 10: 6）

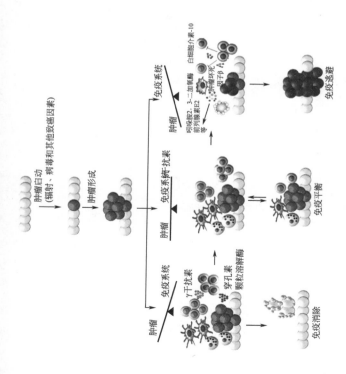

肿瘤启动
（辐射、病毒和其他致癌因素）

肿瘤形成

免疫系统

肿瘤

免疫系统

肿瘤

免疫系统扰素

γ干扰素
穿孔素
颗粒溶解酶

吲哚胺2, 3-二加氧酶
前列腺素E2
等

白细胞介素-10
肿瘤坏死
因子α

免疫消除

免疫平衡

免疫逃避

正常细胞
恶性细胞
低免疫原性的肿瘤细胞
凋亡的肿瘤细胞

不成熟的树突状细胞
成熟的树突状细胞
调节T细胞

$CD4^+$T细胞
$CD8^+$T细胞
凋亡的T细胞
自然杀伤细胞

肿瘤免疫编辑的三个阶段

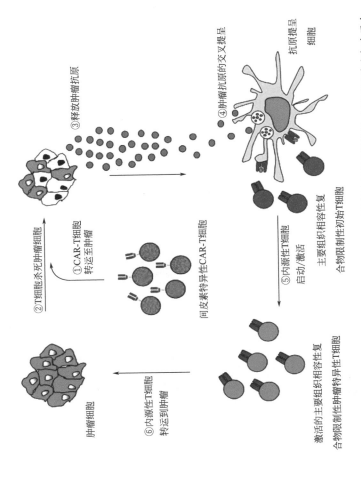

嵌合抗原受体修饰的 T 细胞（CAR-T）过继疗法通过原表位扩展诱导的内源性抗肿瘤免疫反应

（编译自：Gregory L Beatty. Engineered chimeric antigen receptor-expressing T cells for the treatment of pancreatic ductal adenocarcinoma. Oncoimmunology, 2014, 3: e28327）

①CAR-T细胞转运至肿瘤

②T细胞杀死肿瘤细胞

③释放肿瘤抗原

④肿瘤抗原的交叉提呈

抗原提呈细胞

⑤内源性T细胞启动/激活

主要组织相容性复合物限制性初始T细胞

间皮素特异性CAR-T细胞

激活的主要组织相容性复合物限制性肿瘤特异性T细胞

⑥内源性T细胞转运到肿瘤

肿瘤细胞